入門　電気・電子工学シリーズ

第10巻

入門
数値解析

加川幸雄
霜山竜一
著

朝倉書店

入門 電気・電子工学シリーズ 編集委員

Tea Time

目　　　次

まえがき

本書『入門数値解析』は，入門電気·電子工学シリーズの一冊として企画刊行されたものである．数値計算は電気電子技術者だけの必須ではないが，計算機の普及によって，数値計算は誰にとっても身近なものになり，計算機を利用するうえで不可欠の技術となっている．それはとりもなおさず，今まで以上に多くの学生諸君が学習するということでもある．また，カリキュラムは多くの大学でのセメスター制への移行により，一科目当たりの講義時間の減少がさけられない．本書はこのような背景のもとに学生諸君の多様性も考慮して，対象を電気電子工学等を専攻する学生諸君にとって必要不可欠なものだけに絞り，具体的実例から出発して，一般的取り扱いにいたる形の構成にした．

実際，「数値解析」のテキストはたくさん出版されているが，数学の専門家によって書かれたものが多い．厳密でかつ一般的な記述がなされているが，数値計算の利用者としての立場からは荷の重すぎるきらいがあった．ただ，戸川隼人教授（日本大学理工学部）のものは，それらを失わずに，わかりやすく書いてあり，学生諸君の評判もよい．本書をまとめるにあたって参考にさせていただいたが，ただ単に屋上屋を架しただけにはなっていないものと自負している．

2000 年 3 月

著者しるす

『入門 電気・電子工学シリーズ』刊行にあたって

朝倉書店からは，大学，短大，高専学生のための電気電子情報基礎シリーズ(18巻)がすでに刊行され，テキスト，参考書として多くの学生諸君に利用されてきた。また，朝倉電気電子工学講座(21巻)，電気電子情報工学基礎講座(33巻)も好評を博している。したがって本シリーズの刊行が，屋上屋を架すきらいがないとしない。しかし，電気電子情報工学基礎シリーズは刊行からすでに20年が経ち,学生諸君をとり巻く環境も変わってきている。すなわち多くの大学では，いわゆるセメスター制に移行して，１つの科目，講義に割り当てられる時間が減少している。また，高校における教科のアラカルト化，大学入試科目の減少などにより，学生諸君の基礎科目の未習得，学力低下も昨今話題に上っている。

本シリーズは，このような状況に対応すべく企画されたものである。従来，事実の記憶が教育の重要な位置を占めていた。大学入試のための数学の勉強が暗記であると言われているのはその最たるものであろう。しかし最も大切なのは，論理的思考の訓練であって記憶ではない。いまやコンピュータ時代である。コンピュータは文字通り計算機ではあるが，大部分は情報端末として，計算以外の記録，検索などに広く利用されている。人間の記憶の部分は，コンピュータの記録にまかせればよい。論理的展開の訓練を通して知恵を養い，新たな発展へつなげていくのが，大学における教育であり，より人間らしい営みではないだろうか。そのような観点から本シリーズでは各科目の内容をしぼり，執筆者の先生方には，勉強の過程で考え方が身につくように工夫していただいたつもりである。

アメリカ合衆国はご承知のようにイギリスの植民地から分離独立した国である。同一の言葉が話されている国ではあるが，テキストをみると，大きな違いが目につく。アメリカのテキストは厚くて懇切丁寧に書かれており，自習ができるようになっている。そういえば，山ほど宿題がでるという話を聞いたことがある。これに対して日本のテキストは薄いにもかかわらず盛り沢山の内容である。ひいては情報や事実の羅列に陥りがちである。それに対してイギリスのテキストは，薄いが丁寧にわかりやすい論理で書かれてあり，したがって，対象はしぼらざるをえないわけであるが，次の段階へつながる含みを持たせるように構成されている。それが成功したかどうかは読者諸君の判断に委ねるとして，本シリーズはそのようなイギリス式テキストを見習って企画された。

本シリーズの企画は加川を中心に行い，タイトルと執筆者の選定依頼については，各委員それぞれ，手わけをして行った。いずれにしても本シリーズが，多くの学生諸君に御利用いただけることになれば，それに勝る幸はない。

本シリーズの企画から刊行までお世話いただだいた朝倉書店編集部諸氏に謝意を表する。

2000年春

編集委員しるす

1　数値計算の誤差

計算機で扱われる数値の有効桁に限りがあるため，思いがけない誤差の生じることがある．この章では計算機の数値の取り扱いや有効桁について簡単に述べ，計算に伴う丸めの誤差，情報落ち，桁落ちなどについて説明する．最後に数値計算上の注意点や正確に計算するための対策について触れる．

1.1　計算機における数値の取り扱い

計算機内では全て 2 進数で演算が行われる．文字(アルファベット，漢字など)，図形，画像などのデータも計算機内では 2 進数で表される．われわれが通常数値計算で取り扱うのは主に 10 進数であり，入出力時にも 10 進数が使われるが，計算機内部では最終的に 2 進数に変換されて処理される．2 進数は“0”か“1”の 2 つの値からなり，これは“ビット (bit)”と呼ばれ 1 つの桁を構成する．したがって，数値は“10110110”のように複数のビットの組み合わせで表される．数値の桁数が多いとビット数が多くなり，そのままでは扱いにくいため，例えば 4 ビットを 1 区切りとして 16 進数に変換し，全体を 16 進数で表すことも多い．

表 1.1 に 10 進数，2 進数，16 進数で表した数字の比較を示す．10 進数では数字が 9 より 1 を増やせば桁上がりが生ずるように，2 進数では 2，16 進数では 16 になれば上位桁に数字が繰り上がる．

1.1.1　10 進数から 2 進数への変換

10 進数で表された数字：$(\text{数字})_{10}$ を 2 進数に変換するには，

表 1.1　10 進数，2 進数，16 進数の表記比較

10 進数	2 進数	16 進数
0	0	0
1	1	1
2	10	2
3	11	3
4	100	4
5	101	5
6	110	6
7	111	7
8	1000	8
9	1001	9
10	1010	A
11	1011	B
12	1100	C
13	1101	D
14	1110	E
15	1111	F
16	10000	10
17	10001	11
18	10010	12
19	10011	13
20	10100	14

$$(\text{数字})_{10}=a_n\times 2^n+a_{n-1}\times 2^{n-1}+\cdots+a_2\times 2^2+a_1\times 2^1+a_0\times 2^0 \tag{1.1}$$

を満足する係数 $a_n, a_{n-1}\cdots a_2, a_1, a_0$ を求め，これを $a_na_{n-1}\cdots a_2a_1a_0$ と並べれば 2 進数となる．これは 10 進数 $b_nb_{n-1}\cdots b_2b_1b_0$ が

$$b_n\times 10^n+b_{n-1}\times 10^{n-1}+\cdots+b_2\times 10^2+b_1\times 10^1+b_0\times 10^0$$

を意味するのであるから容易にわかるであろう．

［例題 1.1］　10 進数の数字 $(34)_{10}$ を 2 進数に変換してみよう．

$$(34)_{10}=2\times\underline{(a_n\times 2^{n-1}+a_{n-1}\times 2^{n-2}+\cdots+a_1)}+a_0=2\times 17+\underline{0}\quad a_0=0$$

$$(17)_{10}=2\times\underline{(a_n\times 2^{n-1}+a_{n-1}\times 2^{n-2}+\cdots+a_2)}+a_1=2\times 8+\underline{1}\quad a_1=1$$

$$(8)_{10}=2\times\underline{(a_n\times 2^{n-1}+a_{n-1}\times 2^{n-2}+\cdots+a_3)}+a_2=2\times 4+\underline{0}\quad a_2=0$$

$$(4)_{10}=2\times\underline{(a_n\times 2^{n-1}+a_{n-1}\times 2^{n-2}+\cdots+a_4)}+a_3=2\times 2+\underline{0}\quad a_3=0$$

$$(2)_{10}=2\times\underline{(a_n\times 2^{n-1}+a_{n-1}\times 2^{n-2}+\cdots+a_5)}+a_4=2\times 1+\underline{0}\quad a_4=0$$

$$(1)_{10}=2\times(a_n\times 2^{n-1}+a_{n-1}\times 2^{n-2}+\cdots+a_6)+a_5=2\times 0+\underline{1}\quad a_5=1$$

したがって，2 進数は $a_5a_4a_3a_2a_1a_0$ の並び，すなわち 100010 となる．

1.1.2　2 進数から 10 進数への変換

2 進数から 10 進数への変換は，2 進数の各桁 $a_n, a_{n-1} \cdots a_2, a_1, a_0$ を式(1.1)に代入する．

1.1.3　2 進数から 16 進数への変換

2 進数で表された数字を 16 進数に変換するには，2 進数を 4 桁ずつ区切り，4 桁の各グループを 16 進数に対応させる (表 1.1 参照).

1.1.4　16 進数から 2 進数への変換

16 進数から 2 進数への変換は，16 進数の各桁を 2 進数に変換する．

[例題 1.2]　2 進数 0011000000111001 を 16 進数に変換してみよう．

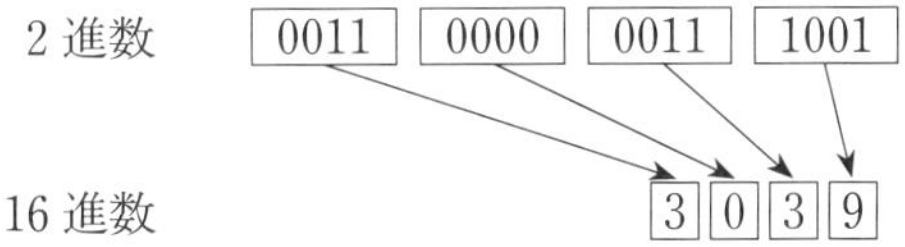

1.1.5　2 進数と計算機

2 進数は計算機ではビットに対応している．計算機では 8 桁をひとまとめにしたものをバイト (byte) と呼んでいる．1 バイト＝8 ビットである．メモリの容量などを表すときにはさらに大きな単位として，キロバイト (10^3：kilo　byte；KB)，メガバイト (10^6：mega byte；MB)，ギガバイト (10^9：giga byte；GB) が用いられる．

8 ビット，16 ビット，32 ビットの 2 進数で表すことのできる数字はそれぞれ

$$\left.\begin{aligned} 2^8 &= 256 \\ 2^{16} &= 65536 \\ 2^{32} &= 4294967296 \end{aligned}\right\} \qquad (1.2)$$

の大きさである．したがって，これらの桁数の 2 進数に対応する整数は，ほぼ表 1.2 に示す範囲となる．表の範囲は正負の数とゼロを含む．

正負の符号は先頭ビットに割り当てられる．通常 “0” を正，“1” を負に対応さ

表 1.2　数値の範囲

	表示できる数値の範囲	備　考
8 ビット	−128〜0〜+127	$2^8=256$
16 ビット	−32768〜0〜+32767	$2^{16}=65536$
32 ビット	−2147483648〜0〜+2147483647	$2^{32}=4294967296$

せる．負の数字は，実際は単に先頭ビットを“1”にするのではなく，“補数”で表現される．それには“2 の補数”が使われ，これは負数を最大整数の方から数えることに対応する．

例えば，2 進数 0101 の補数を求める際に，この 2 進数の各桁を 1 で表した最大整数 1111 を考える．最大整数は

$$1111=0101+1010$$

すなわち，2 進数 0101 と各桁の数字を反転させた 2 進数 1010 との和である．1010 を 1 の補数という．

2 の補数は両辺に 2 進数の 1 を加えて

$$10000=0101+1010+1$$

$$10000-0101=1010+1$$

左辺第 1 項の 5 桁目の 1 を無視すると左辺第 1 項はゼロになり

$$-0101=1010+1$$

を得る．したがって，0101 の負数 −0101 は，2 の補数により表される．

2 の補数は次のようにして求めることができる．

（1）　各桁の数字を反転させる，

（2）　これに 2 進数の 1 を加える，

（3）　桁がオーバした場合はその桁を無視する．

具体的に 2 の補数を求めてみよう．

［例題 1.3］　2 進数で 0110 0101 と 0111 1001 の補数をそれぞれ 2 進数で求めてみよう．

これらの 2 進数はそれぞれ $(101)_{10}$, $(121)_{10}$ に相当する．

$$\begin{array}{ccccc} 0110\,0101 & \longrightarrow & 1001\,1010 & \longrightarrow & 1001\,1011 \cdots (-101)_{10} \\ & \uparrow & & \uparrow & \\ & \text{数字を反転} & & \text{1 を加える} & \\ & \downarrow & & \downarrow & \\ 0111\,1001 & \longrightarrow & 1000\,0110 & \longrightarrow & 1000\,0111 \cdots (-121)_{10} \end{array}$$

補数の先頭ビットが“0”(正)から“1”(負)に変換されている．わざわざ“補数”表現をとるのは符号ビットも含めて演算処理ができるためである．

次に補数を用いた 2 進数の減算を示す．

［例題 1.4］　$(101)_{10}$ から $(121)_{10}$ を引く演算を 2 進数でやってみよう．

2 進数の減算は補数を加算すればよい．

$$\begin{array}{rl} (101)_{10} \rightarrow & 0110\,0101 \\ +(-121)_{10} \rightarrow & 1000\,0111\ (\text{補数表現}) \\ \hline (-20)_{10} \leftarrow & 1110\,1100\ (\text{補数表現}) \end{array}$$

結果は 10 進数で -20 となるはずである．この加算値に補数を求めた手順の逆処理を施して

$$\begin{array}{ccccc} 1110\,1100 & \longrightarrow & 1110\,1011 & \longrightarrow & 0001\,0100 \cdots (20)_{10} \\ & \uparrow & & \uparrow & \\ & \text{1 を引く} & & \text{数字を反転} & \end{array}$$

を得る．確かに 2 進数の補数 11101100 は 10 進数の -20 であることがわかる．

1.1.6　計算機の実数表現

表 1.2 に示すように，2 進数表現では取り扱える数値の範囲がそんなに大きくはない．これを越える非常に大きな値の整数や小数は計算機ではどのように表現されるのだろうか．

小数点を含む実数には大きく分けて，固定小数点による表現法と浮動小数点による表現法がある．ここでは浮動小数点の表現について述べる．

浮動小数点を用いた実数は次のように，有効数字を与える仮数部と桁数を与える指数部の積で表される．

$$\begin{aligned} \text{実数} &= \pm\underline{(\text{仮数部})}\ \underline{(\text{指数部})} \\ &= \pm(\text{仮数部}) \times (\text{基数})^{(\text{指数})} \end{aligned} \quad (1.3)$$

仮数部は通常 0. で始まる小数で与える.

例えば，10 進数の実数 -23.456 と -0.000321 は

$$-\underline{23}.456 \longrightarrow -0.23456\times 10^{\boxed{+2}}$$

小数点を左へ $\boxed{2}$ つ移動

$$-0.\underline{000}321 \longrightarrow -0.321\times 10^{\boxed{-3}}$$

小数点を右へ $\boxed{3}$ つ移動

-23.456 は仮数部 0.23456，基数 10，指数 $+2$, -0.000321 では仮数部 0.321，基数 10，指数 -3 となる．上の例では仮数部，基数，指数のいずれも 10 進数で示したが，計算機内ではそれぞれ 2 進数で表される．

［例題 1.5］ 2 進数の実数 1101 と 0.001101 を 2 進浮動小数点で表示してみよう．

2 進浮動小数点表現

$$\underline{1101} \longrightarrow 0.1101\times 2^{\boxed{+4}} \longrightarrow 0.1101\times 2^{+100}$$

小数点を左へ $\boxed{4}$ つ移動

$$0.\underline{00}1101 \longrightarrow 0.1101\times 2^{\boxed{-2}} \longrightarrow 0.1101\times 2^{-10}$$

小数点を右へ $\boxed{2}$ つ移動

となる．基数は 2 (10 進数) で表した．指数部も 2 進数に変換した．

一般に，計算機で実数を 2 進浮動小数点で表現する場合の基数は 2 である．基数は取り扱う数値によって変化しない．したがって，実数を 2 進浮動小数点で表現するには，仮数とその符号および指数とその符号の 4 つのデータが必要になる．計算機でこれらのデータを表現するには，あらかじめ各データをメモリ領域に割り付ける必要がある．通常は 1 個の実数に 1 語 (1 word＝4 bytes＝4×8＝32 bits) が割り当てられる (単精度の場合)．符号は“＋”，“－”の 2 通りだから 1 ビットあればよい．問題はビット数を仮数部と指数部にどう割り付けるかである．特に仮数部の桁数は計算精度に大きな影響を与え，扱える数値の範囲は指数部により決まる．

1.1.7　データ領域

1語32ビットとしてデータ領域の割り付けについて説明する．データ領域の割り付け方法は，計算機に適用される規格によって異なる．アメリカの標準的な規格(IEEE)を例にとると，実数を2進浮動小数点で表現した場合のデータ領域は図1.1(a),(b)に示すようになっている．単精度(同図(a))では符号に1ビット，指数に8ビット，仮数部に23ビットが割り当てられている．先頭ビットは仮数部の符号を表す．指数用の符号ビットは設けられていないが，指数で表現できる$2^8=256$の数値が$-128\sim+127$に対応している．仮数部は実数の小数点以下の数値(2進数)を表し，取り扱える数値の有効桁数を決める．この例の仮数部は10進数に換算して$2^{23}=8388608$(約10^7)となるから有効数字は約7桁になる．これで計算精度や取り扱える実数の範囲が十分でないときは，1個の実数に2語(2 words)を指定して割り当てる．これを用いた計算は倍精度計算と呼ばれる．倍精度のデータ領域は図1.1(b)に示すように，符号に1ビット，指数に11ビット，仮数部に52ビットが割り当てられている．それぞれ10進数に換算して，指数は$-1024\sim+1023$ ($2^{11}=2048$)，仮数部は約14桁($2^{52}=4.5\times10^{15}$)の数字が扱えることになる．

例えば，10進数の実数0.0～1.0を8ビットの2進数で表現する場合を考えよう．8ビットの2進数は$2^8=256$通りの数値を扱えるから，2進数の00 000 000

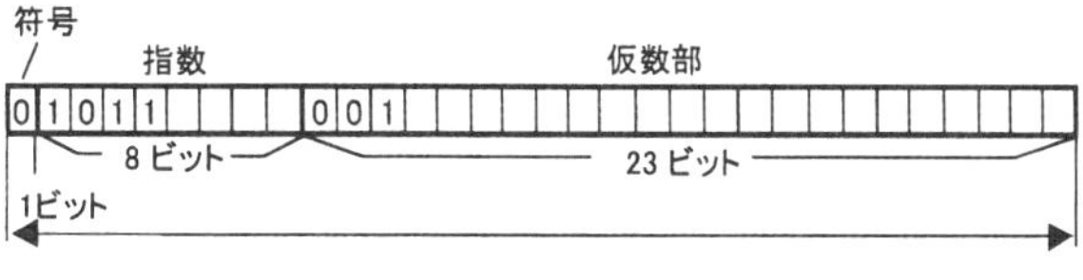

(a)　単精度(32ビット)

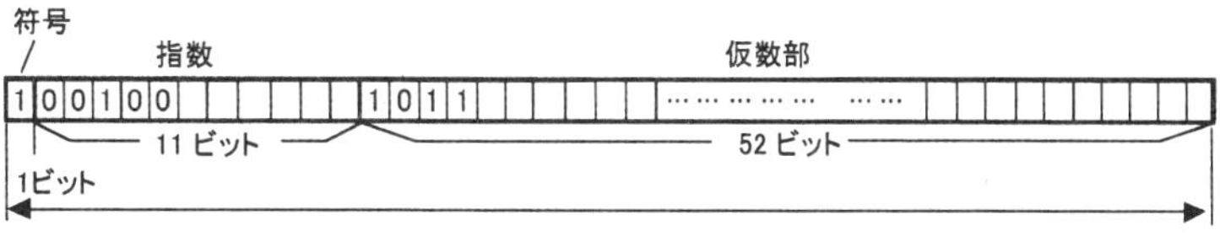

(b)　倍精度(64ビット)

図1.1　計算機内部のデータ表現

を 10 進数の 0.0，11 111 111 を 10 進数の 1.0 に対応させると，1 ビット当たりの最小単位は 10 進数で 1/255＝0.0039215686…となる．つまり計算機内部では，数値は 0.0039215686…おきに飛び飛びに表現される．アナログに対するデジタルという場合，連続に対してこのような不連続な飛び飛びの値をとるという意味を含んでいる．

したがって，10 進数の実数 0.5 では

$$\frac{1}{255}\times n\cong 0.5 \tag{1.4}$$

となる整数 n を求めると 127 または 128 であるから，計算機内部で対応する実数は 0.4980392156…，または 0.5019607843… となる．この場合の実数の誤差は ±0.0019607843… であり，小数点以下 3 桁以下は信頼できないことになる．このような誤差を量子化誤差ということがある．表現する実数によっては誤差がゼロとなる場合もあるが，最も実数に近くなるように整数 n を選べば，誤差の最大値は 1 ビット当たりの最小単位の半分 (0.0019607843…) である．

1.1.8　オーバーフロー

扱う整数や実数の大きさが計算の途中で，上述の桁数の範囲を越える場合がある．大きさが上限を越える場合をオーバーフローという．オーバーフローは，数値計算を行うときによく目にするエラーの 1 つで，ゼロで除すような演算を行ってしまった場合に発生するケースが多い．

整数や実数を計算機で扱う際に，扱える数値の桁数が有限であるために，このことに起因して丸めの誤差，情報落ち，桁落ちなどの厄介な計算誤差の問題が生ずる．次にこれらの問題について触れておく．

1.2　丸 め の 誤 差

1.2.1　誤差の評価

前節で計算機内で取り扱われる数値は全て桁数が制限されることを述べた．IEEE の規格の場合，実数の有効桁数は単精度 (32 bit) で約 7 桁，倍精度で約 14

桁以内に制限される．この桁以下の数字には切り捨てまたは丸めの処理が行われる．切り捨ては数字を文字どおり捨てる処理であり，丸めは10進数の場合の四捨五入に相当する．切り捨てまたは丸めの処理が施された数値と実数との差は誤差となる．一般に，切り捨てと丸めによる誤差を総称して**丸めの誤差**と呼ぶことが多い．丸めの誤差は計算機で表される数値の規格や丸めの処理方法に依存する．数値処理を行えばこのような誤差が必ず生ずる．

手元の計算機の丸めの誤差 ε を考えてみよう．

丸めの誤差の値を計算するための簡単な**フローチャート**(計算手順)を図1.2に，Fortran77のプログラムを以下に示す．このプログラムでは変数GOSAの値を丸めの誤差 ε に近づける処理を行うものである．実数1.+GOSAと実数1.を比較して1.+GOSAの大きいうちはGOSAの値を半減させ，1.+GOSAが1.より小さくなるとGOSAを2倍にしている．繰り返し計算は10000回まで行うものとする．

(プログラム1)

```
      N=1                                  繰り返し回数の初期値
      GOSA=1.0                             誤差の初期値
10    CONTINUE
      WRITE (*, *) 'N ; ', N, 'MARUME NO GOSA=', GOSA
      IF (N.GT.10000) STOP                 繰り返し回数>10000で計算をストップ
      IF (1.0+GOSA.GT.1.0) THEN            1+GOSAと1を比較
        GOSA=0.5*GOSA                      1+GOSA>1ならGOSAを1/2に
          N=N+1                            繰り返し回数の加算
          GO TO 10
      ELSE
        GOSA=2.0*GOSA                      1+GOSA≦1ならGOSAを2倍に
          N=N+1                            繰り返し回数の加算
          GO TO 10
      ENDIF
```

上記プログラムを筆者の使用している計算機で実行すると，繰り返し回数 N

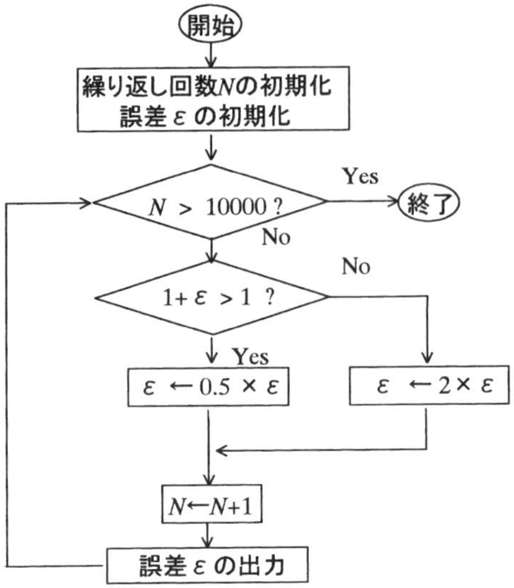

図 1.2　丸めの誤差を求める計算のフローチャート

$=24$ 以上で，N が大きくなるにつれて GOSA は 2 つの値 (1.192E-7, 5.960E-8) を交互に示した．このことから，使用している計算機の丸めの誤差は約 10^{-7} であることがわかる．計算の精度は単精度である．プログラムに用いる変数を倍精度で宣言すれば，より数値の小さい丸めの誤差 ε が得られる．

1.2.2　丸めの誤差の蓄積 — 累積誤差 —

このように桁数の限られた実数による演算によって，丸め誤差がどのように蓄積されるかを次にみてみよう．

図 1.3 に示す関数 $y=f(x)=x$ を $x=0$ から $x=1$ まで数値積分してみよう．

この積分は関数 $y=x$ と x 軸で囲まれる面積

$$S_0=\int_0^1 xdx=0.5 \tag{1.5}$$

を表し，脚文字 0 は解析解を示す．

数値積分を次のような式で近似する (§ 2.2 数値積分を参照．p. 33)．

$$\sum_{i=1}^{N}(x_i\cdot\Delta x)<S_0<\sum_{i=1}^{N}(x_{i+1}\cdot\Delta x)=S \tag{1.6}$$

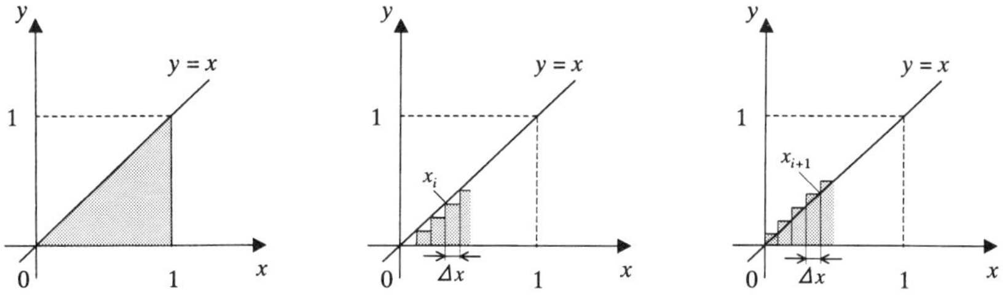

図 1.3　関数の積分

ただし，

$$\text{ステップ幅}\qquad \Delta x=\frac{1}{N} \tag{1.7}$$

$$\text{関数値}\qquad x_i=\Delta x\cdot(i-1)\quad (i=1\sim N) \tag{1.8}$$

である．式(1.6)は積分を総和で近似したものである．したがって，N が小さいうちは式の近似度は低く，N を無限大に近づければ面積 S は限りなく解析解 0.5 に近づくはずである．しかし，数値計算では必ずしもそうはならない．

式(1.6)～式(1.8)を用いて面積 S を計算するプログラムは次のようになる．

(プログラム 2)

```
      F(X)=X                              関数 f(x)=x の定義
      M=8                                 きざみ幅を 10^-8 まで計算
      DO 2 J=0, M                         きざみ幅を変える
         N=10**J
         DX=1.0/N                         ステップ幅 DX=10^-M
         S=0.                             面積 S の初期値
         DO 10 I=1, N
            X=DX*I                        x の値
            S=S+DX*F(X)                   矩形の面積を加える
10       CONTINUE
         WRITE(*, *)  DX, ABS(0.5-S)      きざみ幅，誤差の大きさ
 2    CONTINUE
```

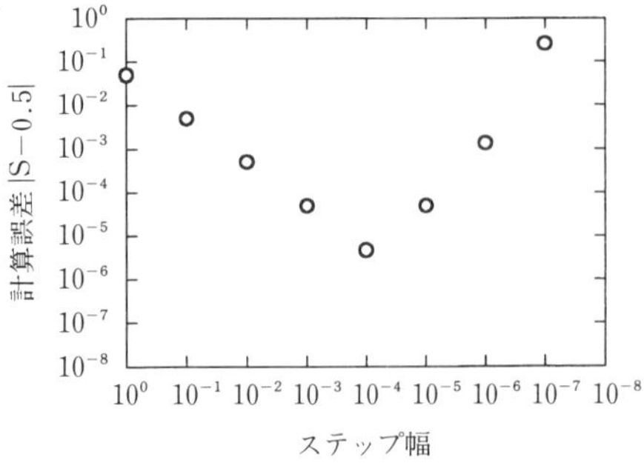

図 1.4　丸めの誤差

実際にプログラムを実行した結果を図 1.4 に示す．図は算出された面積 S と解析解 0.5 の差の計算誤差（誤差の大きさ）が，設定したステップ幅によってどのように変わるかを示している．ステップ幅を小さくしていくと 10^{-4} 程度まで計算誤差は小さくなるが，ステップ幅 10^{-5} 以下では逆に計算誤差が増大している．これは計算回数が増えるとともに丸めの誤差が蓄積することが原因である．計算に使ったコンピュータの丸めの誤差のオーダは約 10^{-7} である．

1.3　情報落ちの誤差

加算では加算順序によって計算結果は変わらないはずである．しかし，数値計算では計算機で数値の桁数が限られているため結果に差が生ずることがある．これは**情報落ち**と呼ばれる誤差によるものである．

すなわち，計算機で正の数値 A, B, C, D (A > B > C > D) を次の 2 通りの順序

$$\begin{aligned} &A+B+C+D \\ &D+C+B+A \end{aligned} \tag{1.9}$$

で加算すると両者の結果が異なる場合が生じる．これは，桁数の大幅に異なる数値間で加算を行うと，小さい方の有効数字の一部または全部が欠落するために起きる現象であり，情報落ちと呼ばれる．もう少し具体的な例をあげてこの問題を説明しよう．

次の 2 式

$$f=\sum_{i=1}^{n}\frac{1}{i^2}=\frac{1}{1^2}+\frac{1}{2^2}+\frac{1}{3^2}+\cdots+\frac{1}{(n-1)^2}+\frac{1}{n^2} \tag{1.10}$$

$$g=\sum_{i=1}^{n}\frac{1}{(n-i+1)^2}=\frac{1}{n^2}+\frac{1}{(n-1)^2}+\cdots+\frac{1}{3^2}+\frac{1}{2^2}+\frac{1}{1^2} \tag{1.11}$$

を計算し，加算の個数 n と加算結果の差の関係を調べてみよう．ただし，n は自然数である．

これらの式は n が無限大の場合には $f=g=\pi^2/6$ である．f と g の違いは加算する順番が逆なだけであるが，n が大きい場合に両者の加算結果に差が生じるのである．

n の値を順次変えて f と g を計算し，f, g と $\pi^2/6$ の差や f と g の差を確認してみる．プログラムを以下に示す．

(プログラム 3)

```
      DATA PAI/3.141592654/
        M=1500
        DO 10 K=1, M                                  n を 10～15000 まで変える
            N=K*10                                    n の値
            F=0.0
            DO 20 J=1, N
                F=F+1.0/J**2                          f の値を計算
20          CONTINUE
            G=0.0
            DO 30  J=N, 1, -1
                G=G+1.0/J**2                          g の値を計算
30          CONTINUE
            WRITE (*, *) N, ABS (F-PAI**2/6.),
            ABS (G-PA|**2/6.), ABS (F-G)              出力
10    CONTINUE
```

計算結果を図 1.5 にまとめる．$|g-\pi^2/6|$ は n の増加とともに減少している．一方，$|f-\pi^2/6|$ は加算数 n が大きくなるにつれて小さくなるが，5000 以上でほぼ一定値 (10^{-4}) となっている．すなわち，この計算機の精度内で収束したとみ

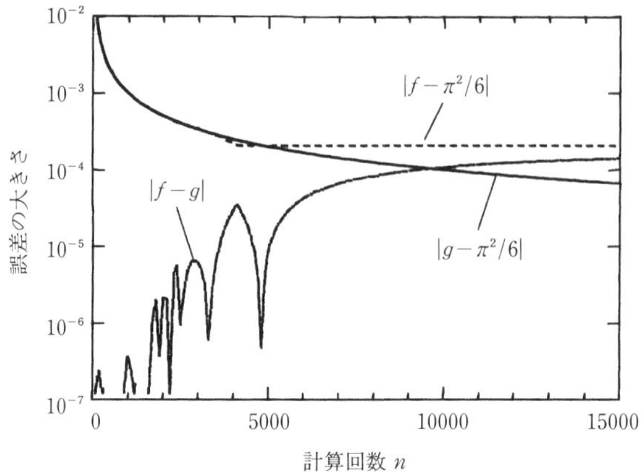

図 1.5 情報落ちの誤差

なせる．これは情報落ちによる誤差を示し，この例では 10^{-4} のオーダである．$|f-g|$ は加算の順番を入れ替えた場合の差で，n の値が大きくなるにつれて差がかえって増大することがわかる．単に計算の順番が異なるだけで計算結果が異なっている．この数字を大きいとみるか，わずかと考えるかは取り扱う問題によって異なる．

1.4 桁落ちの誤差

桁落ちは数値を減算した場合に生じる誤差である．大きさがほぼ等しい 2 つの数値の差は非常に小さい値をとるが，この値が丸めの誤差以下になると値は数値誤差の中に隠れてしまう．

図 1.6 に示す直線 $y=x$ の $x=x_0$ 近傍での傾きを差分で近似する（§2.1 数値微分を参照．p. 18）．

$$\lim_{h\to 0}\frac{y(x_0+h)-y(x_0)}{h}=\frac{y(x_0+h)-y(x_0)}{h} \tag{1.12}$$

傾きは x の値にかかわらず常に 1 であるはずである．解析学的には微係数は h にかかわらず一定であるが，数値的にそうなる保証はない．

傾きの誤差の大きさを次式で定義する．

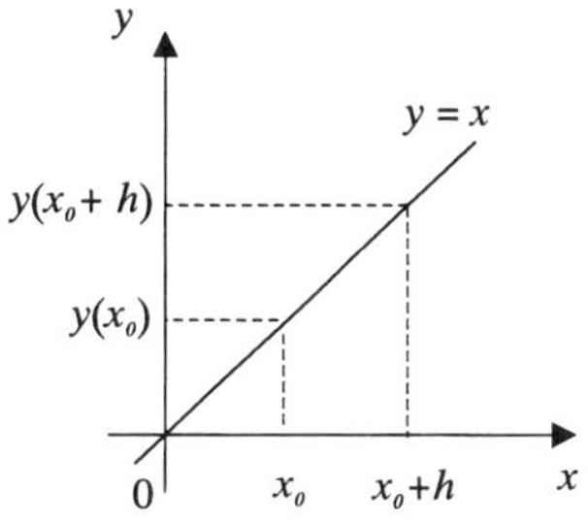

図 1.6 直線の傾き

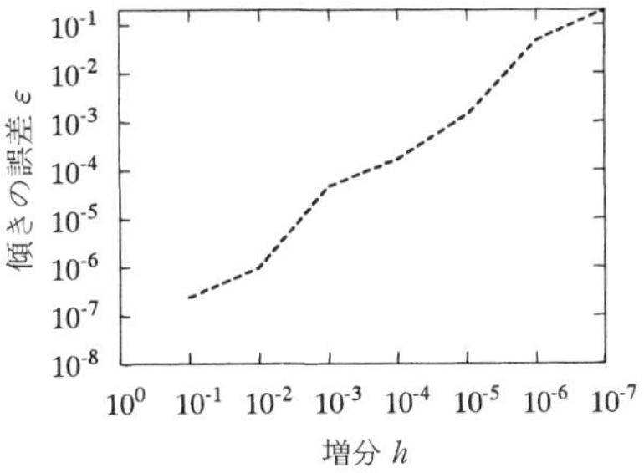

図 1.7 桁落ちの誤差

$$\varepsilon=\left|1-\frac{y(x_0+h)-y(x_0)}{h}\right| \tag{1.13}$$

傾きの誤差が増分 h の値に応じてどのように変わるかを調べ，桁落ちの誤差を求めてみよう．

上のプロセスをプログラムにしたものを次に示す．ただし，増分は可変にしてある．

(プログラム 4)

```
      y (x)=x                              関数の定義
      N=7
      DO 10 I=1, N
         H=1./10**I                        h の値を 10^-1〜10^-7 まで変える
         X1=0.
         X2=X1+H
         DY=Y (X2)-Y (X1)                  式 (1.14)
         SL=DY/H
         WRITE (*, *) I, DY, H, ABS (1-SL) 出力
10    CONTINUE
```

図 1.7 に計算結果を示す．増分 h が小さくなるにつれて傾きの誤差 ε が増大する様子がわかる．先の，丸め誤差の項で示した積分誤差の場合 (図 1.4) と異

なって，傾きの値は増分が大きいほど誤差が小さい．増分 10^{-1} の誤差(約 10^{-7})は丸めの誤差に近いが，増分 10^{-5} では誤差が約 10^{-3} に増大している．これが桁落ちによる誤差である．増分が丸めの誤差より大きい場合 (10^{-3}) でも誤差が比較的大きいこと (10^{-4}) に注意したい．

1.5　数値計算上の注意

計算機で表される数値は丸めによる誤差を含み，数値間の演算にも情報落ちや桁落ちなどの誤差が伴うため，数値計算では本質的に，限られた桁数内で近似的な解が得られるにすぎない．したがって，得られた計算結果が確かかどうかを確認する作業が必要である．何度も同じ計算を繰り返してみて計算結果が変わらないか，ステップ幅を設定する必要のある場合には計算結果のステップ幅に対する依存性を確認することなどが通常頻繁に行われる．さらに単精度だけではなく，倍精度や 4 倍精度で同一問題を計算した結果を比較すれば計算精度の影響が類推できる．

また，上のような本質的な誤差のほかに，考え違い，タイプミス，プログラミングの文法上の誤りなど，計算に誤りの混入する可能性は無数にあるので，得られた結果をそのまま信用せずに

（1） 解析解のある問題を解いて計算プログラムを検査する，

（2） 信頼できる別のデータ(実験結果など)と比較する，

（3） きざみ幅を変更して収束性を調べる，

など，計算結果の信頼性を確認することが必要である．

しかし，以上の確認を行っても依然として得られた解が正しいかどうかという，一抹の不安は常に伴う．

演 習 問 題

1.1　10 進数の数字 $(24)_{10}$ を 2 進数に変換しなさい．

1.2　2 進数の数字 $(01001011)_2$ を 10 進数に変換しなさい．

1.3　$(10)_{10}$ から $(21)_{10}$ を減ずる演算を2進数で行いなさい．

1.4　(プログラム1)を参考に手元の計算機の丸め誤差を単精度と倍精度で計算しなさい．

1.5　(プログラム3)を利用して π の値をできるだけ正確に求めなさい．加算の順番と解の関係について確認しなさい．

Tea Time

精度保証付き数値計算

われわれは，計算機による結果だから間違いはないなどとよくいったりするものであるが，本章でみたように計算機で扱われる数値の桁数，数値の大きさの範囲は意外と小さい．数値計算ではしたがって，計算が正常に行われているか，どの程度の精度で正しいのかということを常に念頭において計算を進めなければならない．しかし，そうしたからといって，結果が目的の精度内に収まっている保証はない．

このような計算環境のもとで，精度保証付き数値計算法が開発されつつある．これは計算が多様化，大規模化してきて計算の信頼性が問題になってきたからである．本章でも考察した丸めの誤差の厳密な評価といった問題だけでなく，コンピュータを使った数値的手法が数学の証明などにも使われつつあるからである．

精度保証付き数値計算の基本的技法の1つに区間演算法がある．計算機で用いられる2進数では離散的な値が表現されるにすぎないので，浮動小数点数はこの離散幅に相当する誤差を常に伴っている．区間演算は実数値を「下限，上限」を与える，2つの浮動小数点数で表現して，加減乗除をその区間どうしについて行い，結果の範囲を示して，精度を保証するものである．簡単な例を以下に示す．

例えば，2つの値，$X=[a, b]$，$Y=[c, d]$ に対する減算 $X-Y$ の結果のとりうる範囲は，最小値 $a-d$，最大値 $b-c$ であるから

$$X-Y=[a-d, b-c]$$

また，加算は

$$X+Y=[a+c, b+d]$$

このように最悪の条件を念頭に演算を行うわけである．

以上，基本的な考え方だけを示したが，丸めの誤差についてもこの考え方を容易に適用することができる．この種の演算の問題点は得られた結果に真値は含まれるが，区間が非常に広くなってしまうことが起こりうることである．

2 微分と積分

関数 $y=f(x)$ の微係数（微分値）$f'=\partial y/\partial x$ が接線の傾きを表すことはよく知られている．さまざまな物理現象を記述する微分方程式はいくつかの微分項から構成され，離散データの補間や時系列データの変化を予測する場合などにも微係数が広く利用されている．本章では主に微分を差分で置き換え微分値を近似的に求める手法といくつかの適用例について述べる．

2.1 数値微分

次のような2次関数を考える．

$$f(x)=2x^2+4x+2 \tag{2.1}$$

1階の導関数は x で解析的に微分できて，

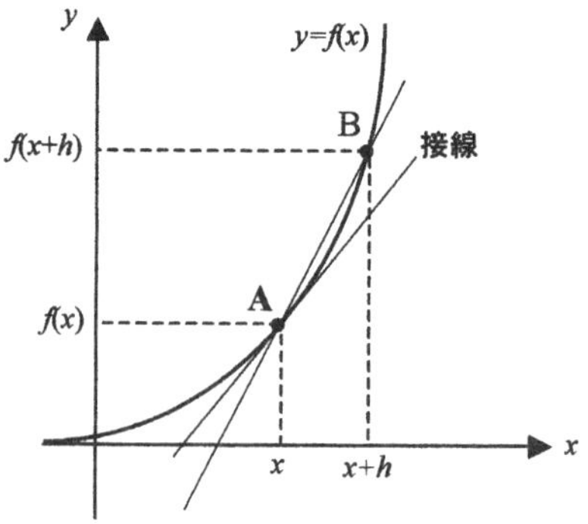

図 2.1　微係数と接線の傾き

$$f_0'(x)=4x+4 \tag{2.2}$$

$x=2$ における1階の微係数は，したがって

$$f_0'(2)=12 \tag{2.3}$$

この値は2次関数の $x=2$ における接線の傾きを示す．脚文字0は解析解であることを示す．

一般に，連続な関数 $f(x)$ の微分は

$$f'(x)=\lim_{h\to 0}\left(\frac{f(x+h)-f(x)}{h}\right) \tag{2.4}$$

で定義される．図2.1に示すように上式の右辺は，曲線上に設けた点A, Bを結ぶ直線の傾きで，h をゼロに限りなく近づけたときの点Aにおける接線の傾きを表している．

この関数の微分値を数値的に求める方法について考える．

2.1.1 前進差分近似

1階の導関数を次式のように近似する．

$$f'\cong \Delta f(x)=\frac{f(x+h)-f(x)}{h} \tag{2.5}$$

上式は，変数 x の増加する側の関数 $f(x+h)$ を用いて差分近似するため，**前進差分**と呼ばれる．式(2.5)は式(2.4)の $\lim_{h\to 0}$ を除いたものであるが，増分 h をできるだけ小さく選べば，右辺は点Aにおける接線の傾きに近いと考えられる．しかし1章で述べたように，h の値を小さくとるには限界がある．したがって，差分近似による誤差だけでなく桁落ちの誤差が生ずる．このように数値微分は本質的に誤差を含む近似法である．どの程度の誤差が生じるかを確認してみよう．

増分 h を変えて，2次関数 $f(x)=2x^2+4x+2$ の $x=2$ における1階微係数を前進差分近似で求め，誤差 ε を調べてみよう．ただし，誤差 ε は1階微係数の解析解 $f_0'(2)$ を用いて

$$\begin{aligned}\varepsilon&=f'(2)-f_0'(2)\\&=f'(2)-12\end{aligned} \tag{2.6}$$

で定義する．

表 2.1 前進差分の誤差の例 (2 次関数)

h	$f(2+h)$	$f(2)$	$\Delta f(2)$	ε
2	50	18	16.00	4.00
1	32	18	14.00	2.00
0.5	24.5	18	13.00	1.00
0.1	19.22	18	12.20	0.20
0.01	18.1202	18	12.02	0.02

2 次関数の $x=2$ における微係数は

$$\Delta f(2)=\frac{f(2+h)-f(2)}{h} \tag{2.7}$$

である．増分 h と誤差の関係を表 2.1 に示す．

h の値が小さくなるにつれて誤差 ε の値は小さくなる様子がわかる．

一般的に数値微分の誤差は対象となる変数 x や関数 $f(x)$ に依存する．

上の例では関数 $f(x)$ が既知であり，1 階の導関数も解析的に求められるケースを扱った．しかし，導関数が解析的に求められるのであれば，わざわざ数値微分を適用する必要はない．したがって誤差の評価は上のように簡単ではない．

次に，関数 $f(x)$ が離散的な，変数 x のいくつかの値 x_i とそれに対応する関数 $f(x_i)$ の組み合わせのみがわかっている場合について考える．これらを接続して変数 x に対応してなめらかな関数 $f(x)$ が存在するものとしよう．これに対しては導関数 (微係数) $f'(x)$ を考えることができる．

関数 $f(x)$ の微係数は $df(x)/dx=f'(x)$, $df(x)=f'(x)dx$ と書けるが，その近似としての差分を，本書では，前進差分を Δ，後退差分を ∇，中央差分を δ により区別することにする．

［例題 2.1］ 表 2.2 のように，6 組の離散的なデータが与えられている場合に，前進差分近似で 1 階の微係数を求めてみよう．

この場合の増分は $h=1$ である．前進差分は

$$\Delta f(x)=\frac{f(x+1)-f(x)}{1} \tag{2.8}$$

であるから，表 2.3 のように 1 階の微係数が求まる．

この場合 $f'(5)$ の値が求められないことに注意．1 階の微係数の解析解がわからないので，得られた解に含まれる誤差は評価できない．このような数値微分の誤差のオーダ（桁数）を推定するためにテイラー級数を利用するものがある（§2.1.4 テイラー級数による誤差の見積りを参照．p. 26）．

表 2.2　離散データ

x	$f(x)$
0	−2
1	2
2	4
3	4.8
4	5
5	4.5

表 2.3　前進差分

x	$f(x)$	$\Delta f(x)$
0	−2	4
1	2	2
2	4	0.8
3	4.8	0.2
4	5	−0.5
5	4.5	

2.1.2　後退差分近似

1 階の導関数を次式で近似する方法もある．

$$f' \cong \nabla f(x) = \frac{f(x) - f(x-h)}{h} \tag{2.9}$$

これは，図 2.2 のように x の減少する方向に関して差分近似するもので，後退差分と呼ばれる．増分 h がゼロに近づくと，2 点を結ぶ傾斜は A 点の接線に近づく．

後退差分の近似式 (2.9) を用いて 2 次関数 $f(x) = 2x^2 + 4x + 2$ の $x = 2$ におけ

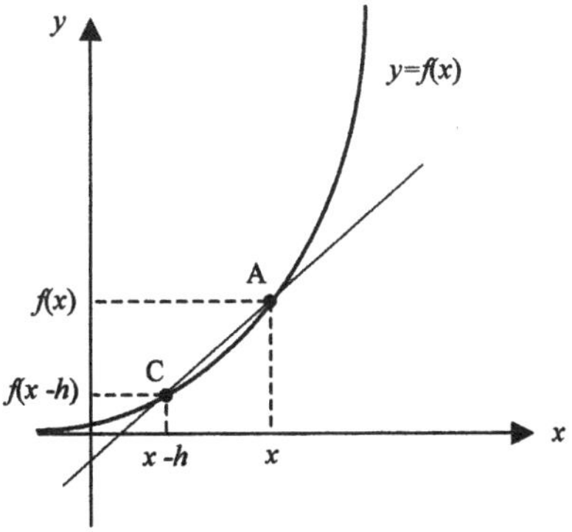

図 2.2　後退差分近似

る1階の微係数を求め，h の値と誤差の関係を調べてみよう．

後退差分を用いた $x=2$ における1階の微係数は

$$\nabla f(2)=\frac{f(2)-f(2-h)}{h} \tag{2.10}$$

で与えられる．誤差 ε を式(2.6)で評価する．増分 h と誤差の関係を表2.4に示す．前進差分と同様に，$\nabla f(2)$ も h の減少とともに一定値12に近づく様子がわかる．

表2.4　後退差分の誤差の例(2次関数)

h	$f(2)$	$f(2-h)$	$\nabla f(2)$	ε
2	18	2	8.00	−4.00
1	18	8	10.00	−2.00
0.5	18	12.5	11.00	−1.00
0.1	18	16.82	11.80	−0.20
0.01	18	17.8802	11.98	−0.02

［例題2.2］　［例題2.1］と同様，表2.2の6組の離散的な変数 x_i と関数値 $f(x_i)$ が与えられている場合に，後退差分近似で1階の微係数を求めてみよう．

増分が $h=1$ であるから，1階の微係数の差分表現は

$$\nabla f(x)=\frac{f(x)-f(x-1)}{1} \tag{2.11}$$

変数に対応する差分を表2.5に示す．前進差分の場合とは異なり，微係数 $\nabla f(0)$ が求められない点に注意．

表2.5　後退差分

x	$f(x)$	$\nabla f(x)$
0	−2	
1	2	4
2	4	2
3	4.8	0.8
4	5	0.2
5	4.5	−0.5

2.1.3　中央差分近似

前進差分では x の大きい方の関数値，後退差分では x の小さい方の関数値を

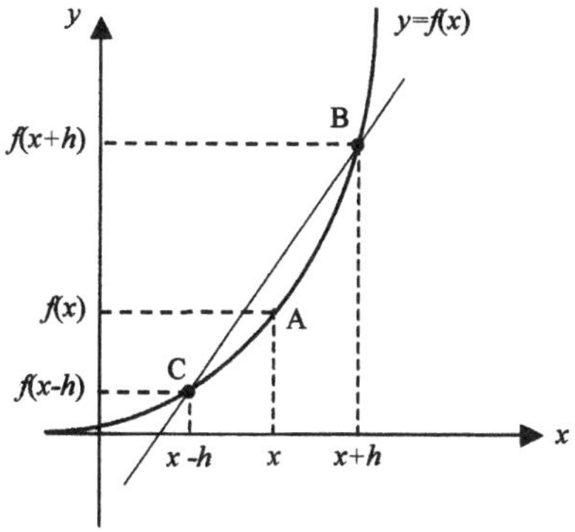

図 2.3 中央差分近似

用いて微係数を評価しているが，前後の関数値の関係から傾斜を求める**中央差分**がある．

中央差分では関数 $f(x)$ の 1 階の導関数を次式で近似する．

$$f' \cong \delta f(x) = \frac{f(x+h) - f(x-h)}{2h} \tag{2.12}$$

図 2.3 において増分 h を小さくしていけば，点 B と点 C を結ぶ直線の傾きが点 A における接線の傾きに近づくことを利用している．

中央差分近似で 2 次関数 $f(x) = 2x^2 + 4x + 2$ の $x=2$ における 1 階の微係数を求め，増分 h と誤差 ε の関係を調べてみよう．

$x=2$ における 1 階の中央差分は

$$\delta f(2) = \frac{f(2+h) - f(2-h)}{2h} \tag{2.13}$$

誤差 ε は式 (2.6) で定義する．増分 h と誤差の関係を表 2.6 にまとめてある．

この例では h の値にかかわらず，中央微分による誤差が小数点以下 5 桁以内

表 2.6 中央差分の誤差の例 (2 次関数)

h	$f(2+h)$	$f(2-h)$	$\delta f(2)$	ε
2	50.000	2.000	12.00000	0.00000
1	32.000	8.000	12.00000	0.00000
0.5	24.500	12.500	12.00000	0.00000
0.1	19.220	16.820	12.00000	0.00000
0.01	18.120	17.880	12.00000	0.00000

でゼロとなった．中央差分で前進差分や後退差分より微分の誤差が小さくなるのは，計算点が $x-h$，x，$x+h$ の3点であって情報量が多いためと考えることができる．ただし，x 点での評価が不要になっている．

［例題 2.3］　6組の，変数 x と関数値 $f(x)$ が離散的に与えられている場合に(表2.2参照)，中央差分近似で x_i における1階の微係数を近似的に求めてみよう．

1階微係数の差分表現は

$$\delta f(x)=\frac{f(x+1)-f(x-1)}{2} \tag{2.14}$$

であるから，差分が近似的に表2.7のように求められる．

表 2.7　中央差分

x	$f(x)$	$\delta f(x)$
0	−2	
1	2	3
2	4	1.4
3	4.8	0.5
4	5	−0.15
5	4.5	

このままでは微係数 $\delta f(0)$ と $\delta f(5)$ が得られない点に注意．

［例題 2.4］　n 個の変数 $x_i=i\times h$，(整数 $i=1\sim n$，増分 $h=1$) に対して関数値 $y=f(x_i)=\sin(2\pi x_i/10)$ が与えられているとき，x_i における1階の微係数 $f'(x_i)$ の近似値をそれぞれ前進差分，後退差分，中央差分を用いて計算してみよう．

解析解は $f'(x)=\dfrac{2\pi}{10}\cos\left(\dfrac{2\pi x}{10}\right)$ である．

(プログラム5)

```
      DIMENSION DF1 (10), DF2 (10), DF (10)
      DATA PAI/3.14159265/                    π の値
```

```
C
      F(X)=SIN (2.*PAI*X/10.)                 関数の定義
C
      N=10                                    計算回数
      H=1                                     増分 h
c 前進差分
      DO 10 I=1, N-1
         X1=I+H                               変数 x_i+h
         X=I                                  変数 x_i
      DF1 (I)=(F(X1)-F(X))/H                  式 (2.5)
 10   CONTINUE
c 後退差分
      DO 20 I=2, N
         X=I                                  変数 x_i
         X1=I-H                               変数 x_i-h
         DF2 (I)=(F(X)-F(X1))/H               式 (2.9)
 20   CONTINUE
c 中央差分
      DO 30 I=2, N-1
         X1P=I+H                              変数 x_i+h
         X1M=I-H                              変数 x_i-h
         DF3 (I)=(F(X1P)-F(X1M))/(2*H)        式 (2.12)
 30   CONTINUE
```

[計算結果] 表2.8に計算結果を示す．各差分近似の特徴がよく現れている．

表 2.8 各種差分近似による1階の微係数値

変数 x	関数 $f(x)$	1階の微係数 $f'(x)$ の近似値			解析解
		前進差分	後退差分	中央差分	
1	0.5877853	0.3632713			0.5083204
2	0.9510565	0.0000000	0.3632713	0.1816356	0.1941611
3	0.9510565	−0.3632713	0.0000000	−0.1816356	−0.1941611
4	0.5877853	−0.5877853	−0.3632713	−0.4755283	−0.5083204
5	0.0000000	−0.5877853	−0.5877853	−0.5877853	−0.6283185
6	−0.5877852	−0.3632713	−0.5877853	−0.4755283	−0.5083204
7	−0.9510565	0.0000000	−0.3632713	−0.1816356	−0.1941611
8	−0.9510565	0.3632713	0.0000000	0.1816356	0.1941611
9	−0.5877853	0.5877853	0.3632713	0.4755283	0.5083204
10	0.0000000		0.5877853		0.6283185

2.1.4　テイラー級数による誤差の見積り

［例題 2.1］，［例題 2.2］，［例題 2.3］では，変数 x と関数値 $f(x)$ のいくつかの組み合わせから微係数を差分近似で求めたが，微係数がどの程度正しいかを確認したい．ここでは数値微分値の誤差のオーダ（桁）をテイラー級数により評価する方法について述べる．

関数 $f(x)$ が解析的であるとする（この場合，解析的であるとは，関数 $f(x)$ が十分なめらかで，高階の微分が可能であると考えてよい）．いささか天下りであるが，関数 $f(x)$ を x のまわりにテイラー級数展開すると $f(x+h)$ は次式で表される．

$$f(x+h)=f(x)+\frac{f'(x)}{1!}h+\frac{f''(x)}{2!}h^2+\cdots+\frac{f^{(n)}(x)}{n!}h^n+\cdots \tag{2.15}$$

ただし，$f^{(n)}(x)$ は関数 $f(x)$ の n 階導関数である．この式を利用すると前進差分，後退差分，中央差分，それぞれの近似に含まれる誤差の大きさ（オーダ）を見積もることができることを以下に示そう．

a.　前進差分近似による誤差

式 (2.15) を $f'(x)$ について変形，整理すると

$$\begin{aligned} f'(x)&=\frac{f(x+h)-f(x)}{h}-\left(\frac{f''(x)}{2!}h+\cdots+\frac{f^{(n)}}{n!}h^{n-1}+\cdots\right) \\ &=\frac{f(x+h)-f(x)}{h}+\varepsilon_f \end{aligned} \tag{2.16}$$

ただし，ここで

$$\varepsilon_f=O(h) \tag{2.17}$$

は誤差のオーダを示し，高次の項に対応する．誤差の項が十分小さく無視できれば差分は微係数に一致する．

前進差分の誤差は $h \ll x$ であれば，ほぼ h に比例する．誤差を $O(h)$ と表記しているのはそのためである．導関数 $f^{(n)}(x)$ の大きさにもよるが，例えば h が 0.01 の場合に h^2 は 0.0001，h^3 は 0.000001 であるから，誤差の大きさは，ほとんど $hf''(x)/2$ の項の大きさによって決まる．先に検討したように，2 次関数 $f(x)=2x^2+4x+2$ を用いて前進差分の誤差のオーダを求めてみよう．

2 次関数 $f(x)=2x^2+4x+2$ の導関数を解析的に求めると

$$f_0''(x)=4 \tag{2.18}$$

$$f_0'''(x)=f_0^{(4)}(x)=0 \tag{2.19}$$

3 階以上の導関数は全てゼロである．

$x=2$ における 1 階の微係数を前進差分近似で求めたときの誤差は

$$\varepsilon_f=-\frac{f''(2)}{2!}h=-\frac{4}{2}h=-2h \tag{2.20}$$

すなわち，表 2.9 に示すように，大きさは $O(h)$ で，表 2.1 と比較すると誤差の桁が一致している．

表 2.9 前進差分の誤差のオーダ

h	ε_f	ε_f (表 2.1)
2	−4	4
1	−2	2
0.5	−1	1
0.1	−0.2	0.2
0.01	−0.02	0.02

表 2.10 後退差分の誤差のオーダ

h	ε_b	ε_b (表 2.4)
2	4	−4
1	2	−2
0.5	1	−1
0.1	0.2	−0.2
0.01	0.02	−0.02

b. 後退差分近似による誤差

$x-h$ のまわりのテイラー展開は

$$f(x-h)=f(x)-\frac{f'(x)}{1!}h+\frac{f''(x)}{2!}h^2-\cdots-\frac{f^{(n)}(x)}{n!}h^n+\cdots \tag{2.21}$$

$f'(x)$ について整理すると

$$\begin{aligned} f'(x)&=\frac{f(x)-f(x-h)}{h}+\left(\frac{f''(x)}{2!}h-\cdots+\frac{f^{(n)}}{n!}h^{n-1}+\cdots\right)\\ &=\frac{f(x)-f(x-h)}{h}+\varepsilon_b \end{aligned} \tag{2.22}$$

である．後退差分の誤差 ε_b の大きさも前進差分と同様に $O(h)$ である．2 次関数を用いて誤差のオーダを調べよう．

2 次関数 $f(x)=2x^2+4x+2$ の，$x=2$ における 1 階の微係数を後退差分近似で求めたときの誤差は

$$\varepsilon_b=\frac{f''(2)}{2!}h=\frac{4}{2}h=2h \tag{2.23}$$

結果を表 2.10 にまとめる．

誤差のオーダは $O(h)$ である．

c. 中央差分近似による誤差

中央差分の場合は，式(2.15)から式(2.21)の両辺をそれぞれ引けば

$$f(x+h)-f(x-h)=2\frac{f'(x)}{1}h+2\frac{f'''(x)}{3!}h^3+\cdots+2\frac{f^{(n)}(x)}{n!}h^n+\cdots \quad (2.24)$$

これを $f'(x)$ について解いて

$$f'(x)=\frac{f(x+h)-f(x-h)}{2h}-\left(\frac{f'''(x)}{3!}h^2+\cdots+\frac{f^{(n)}}{n!}h^{n-1}+\cdots\right)$$

$$=\frac{f(x+h)-f(x-h)}{2h}+\varepsilon_c \quad (2.25)$$

したがって，誤差は

$$\varepsilon_c=O(h^2) \quad (2.26)$$

である．h を含む項は消去されているので，中央差分の誤差 ε_c の大きさは前進差分や後退差分より小さく，$O(h^2)$ である．関数 $f(x)$ が2次の場合は $f'''=f^{(4)}=\cdots=0$ であるから，微係数は真値を与える(§2.1.3 中央差分近似を参照．p. 22)．

そこで3次関数 $f(x)=2x^3-x^2+1$ の $x=2$ における微係数を中央差分近似で求め，増分 h と誤差 ε_c の大きさの関係について調べる．

$x=2$ における中央差分の誤差は

$$\varepsilon_c=-\frac{f'''(2)}{3!}h^2=\frac{12}{3!}h^2=2h^2 \quad (2.27)$$

となる(表2.11)．誤差のオーダは $O(h^2)$ である．

微係数を差分近似で求める場合には，誤差が増分 h の値に依存することを十分考慮したうえで各種差分公式を選択する必要がある．

表2.11 中央差分の誤差のオーダ(3次関数)

h	ε_c
2	8
1	2
0.5	0.5
0.1	0.02
0.01	0.0002

表2.12 前進差分(1階，2階)

x	$f(x)$	$\Delta f(x)$	$\Delta^{(2)} f(x)$
0	−2	4	−2
1	2	2	−1.2
2	4	0.8	−0.6
3	4.8	0.2	−0.7
4	5	−0.5	
5	4.5		

2.1.5 高階微分の差分近似

高階の微係数を数値微分で求める場合の差分近似について述べる．

2 階微分は 1 階微分 (式 (2.4)) にもう一度微分を適用することであるから，2 階の導関数は

$$f''(x)=\lim_{h\to 0}\left(\frac{f'(x+h)-f'(x)}{h}\right) \tag{2.28}$$

で定義される．この定義を前進差分，後退差分，中央差分で近似する．

a. 前進差分近似による 2 階微分

2 階の導関数 $f''(x)$ を前進差分で次のように近似する．

$$f''(x)\cong \Delta^{(2)}f(x)=\frac{f'(x+h)-f'(x)}{h} \tag{2.29}$$

ここで，1 階の導関数 $f'(x)$ と $f'(x+h)$ を前進差分で近似すると

$$\left.\begin{aligned}f'(x)&=\frac{f(x+h)-f(x)}{h}+O(h)\\ f'(x+h)&=\frac{f(x+2h)-f(x+h)}{h}+O(h)\end{aligned}\right\} \tag{2.30}$$

を得る．式 (2.30) を式 (2.29) に代入すれば

$$f''(x)=\frac{f(x+2h)-2f(x+h)+f(x)}{h^2}+O(h) \tag{2.31}$$

$$\Delta^{(2)}f(x)=\frac{f(x+2h)-2f(x+h)+f(x)}{h^2} \tag{2.32}$$

となる．ここでは $f'(x)$，$f''(x)$ をともに前進差分で近似したが，後退差分，中央差分などを組み合わせることもできる．

表 2.2 のように，6 点について離散的な関数値が与えられている場合に，前進差分近似で 2 階の微係数を求めてみよう．

増分は $h=1$ である．式 (2.32) を用いると

$$\Delta^{(2)}f(x)=\frac{f(x+2)-2f(x+1)+f(x)}{1} \tag{2.33}$$

である (表 2.12)．表には x_i における 1 階の微係数 $f'(x_i)$ も併せて示してある．

b. 後退差分近似による 2 階微分

同様に 2 階の導関数 $f''(x)$ を後退差分で近似しよう．

$$f''(x) \cong \nabla^{(2)} f(x) = \frac{f'(x) - f'(x-h)}{h} \tag{2.34}$$

ここで，$f'(x)$，$f'(x-h)$ をともに後退差分で近似する．

$$\left. \begin{aligned} f'(x) &= \frac{f(x) - f(x-h)}{h} + O(h) \\ f'(x-h) &= \frac{f(x-h) - f(x-2h)}{h} + O(h) \end{aligned} \right\} \tag{2.35}$$

であるから，式(2.35)を式(2.34)に代入すると

$$f''(x) = \frac{f(x) - 2f(x-h) + f(x-2h)}{h^2} + O(h) \tag{2.36}$$

$$\nabla^{(2)} f(x) = \frac{f(x) - 2f(x-h) + f(x-2h)}{h^2} \tag{2.37}$$

を得る．

表2.2のように，6点について離散的な関数値が与えられている場合に，2階の微係数を後退差分近似で求めてみよう．

増分は $h=1$ であるから2階の導関数は近似的に式(2.37)を用いて求められる．

$$\nabla^{(2)} f(x) = \frac{f(x) - 2f(x-1) + f(x-2)}{1} \tag{2.38}$$

x_i における1階，2階の微係数を表2.13に併せて示す．

表 2.13　後退差分（1階，2階）

x	$f(x)$	$\nabla f(x)$	$\nabla^{(2)} f(x)$
0	−2		
1	2	4	
2	4	2	−2
3	4.8	0.8	−1.2
4	5	0.2	−0.6
5	4.5	−0.5	−0.7

c.　中央差分近似による2階微分

2階の導関数 $f''(x)$ を今度は

$$f''(x) \cong \delta^{(2)} f(x) = \frac{f'(x+h) - f'(x-h)}{2h} \tag{2.39}$$

で近似する．ここで，$f'(x+h)$ と $f'(x-h)$ をともに中央差分で近似する．

$$\left.\begin{aligned} f'(x+h)&=\frac{f(x+2h)-f(x)}{2h}+O(h^2)\\ f'(x-h)&=\frac{f(x)-f(x-2h)}{2h}+O(h^2)\end{aligned}\right\} \tag{2.40}$$

となるから，これらを式(2.39)に代入すれば

$$f''(x)=\frac{f(x+2h)-2f(x)+f(x-2h)}{4h^2}+O(h^2) \tag{2.41}$$

$$\delta^{(2)}f(x)=\frac{f(x+2h)-2f(x)+f(x-2h)}{4h^2} \tag{2.42}$$

$h\to h/2$ とすれば

$$\delta^{(2)}f(x)=\frac{f(x+h)-2f(x)+f(x-h)}{h^2} \tag{2.42$'$}$$

を得る．

表2.2のように，6点について離散的な関数値が与えられている場合に，中央差分近似で2階の微係数を求めてみよう．

増分は $h=1$ であるから，2階の導関数を式(2.42)により求めれば表2.14のようになる．表には1階，2階の微係数を併せて示す．

3階以上の微係数についても1階，2階の数値微分で示した手順を拡張すれば同様に差分近似できる．

表2.14　中央差分(1階，2階)

x	$f(x)$	$\delta f(x)$	$\delta^{(2)}f(x)$
0	−2		
1	2	3	
2	4	1.4	−1.25
3	4.8	0.5	−0.775
4	5	0.15	
5	4.5		

[例題2.5]　[例題2.4]において $x=x_i$ における2階の微係数 $f''(x_i)$ をそれぞれ前進差分，後退差分，中央差分を用いて計算しなさい．

解析解は $f''(x)=-\dfrac{4\pi^2}{100}\sin\left(\dfrac{2\pi x}{10}\right)$ である．

(プログラム6)

```
DIMENSION X(100), DF1(100), DF2(100), DF3(100)
```

```
      DATA PAI/3.14159265/                                      π の値
C
      F(Z)=SIN(2.*PAI*Z/10.)                                    関数の定義
C
      N=10                                                      計算回数
      H=1                                                       増分 h
c 前進差分
      DO 10 I=1, N-2
         X(I+2)=I+2*H                                           変数 x_i+2h
         X(I+1)=I+H                                             変数 x_i+h
         X(I)=I                                                 変数 x_i
         DF1(I)=(F(X(I+2))-2*F(X(I+1))+F(X(I)))/H**2            式 (2.32)
 10   CONTINUE
c 後退差分
      DO 20 J=3, N
         X(J)=J                                                 変数 x_i
         X(J-1)=J-H                                             変数 x_i-h
         X(J-2)=J-2*H                                           変数 x_i-2h
         DF2(J)=(F(X(J))-2*F(X(J-1))+F(X(J-2)))/H**2            式 (2.37)
 20   CONTINUE
c 中央差分
      DO 30 K=3, N-2
         X(K+2)=K+2*H                                           変数 x_i+2h
         X(K)=K                                                 変数 x_i
         X(K-2)=K-2*H                                           変数 x_i-2h
         DF3(K)=(F(X(K+2))-2*F(X(K))+F(X(K-2)))/(4*H**2)        式 (2.42)
 30   CONTINUE
```

［計算結果］ 計算結果を表 2.15 に示す.

表 2.15 各種差分近似による 2 階の微係数値

変数 x	関数 $f(x)$	2 階の微係数 $f''(x)$ の近似値			解析解
		前進差分	後退差分	中央差分	
1	0.5877853	−0.3632713			−0.2320483
2	0.9510565	−0.3632713			−0.3754621
3	0.9510565	−0.2245140	−0.3632713	−0.3285819	−0.3754621
4	0.5877853	0.0000000	−0.3632713	−0.2030748	−0.2320483
5	0.0000000	0.2245140	−0.2245140	0.0000000	0.0000000
6	−0.5877852	0.3632713	0.0000000	0.2030748	0.2320483
7	−0.9510565	0.3632713	0.2245140	0.3285819	0.3754621
8	−0.9510565	0.2245140	0.3632713	0.3285819	0.3754621
9	−0.5877853		0.3632713		0.2320483
10	0.0000000		0.2245140		0.0000000

2.2 数 値 積 分

積分は面積や体積を求める際に使われる．本節では 1 変数に関する，関数の数値積分（求面積）について考える．考え方といくつかの手法，その適用例について述べる．

まず，簡単な数式を使って積分を検討してみよう．2 次関数 $y=f(x)$ を区間 $x=1$ から $x=2$ で積分する．

$$y=f(x)=2x^2+4x+2 \tag{2.43}$$

とすると，関数は解析的に積分でき〔$f(x)=x^n$ について，$f'(x)=nx^{n-1}$，$\int f(x)dx=\frac{1}{n+1}x^{n+1}$〕

$$S=\int_1^2 f(x)dx=\int_1^2(2x^2+4x+2)dx$$

$$=\left[\frac{2}{3}x^3+2x^2+2x\right]_1^2=12.67 \tag{2.44}$$

が得られる．

図 2.4 に示すように，この積分値は 2 次関数 $y=f(x)$ と直線 $y=1$，$y=2$ および x 軸で囲まれた面積に等しい．

次にこの面積を数値積分で求めてみよう．

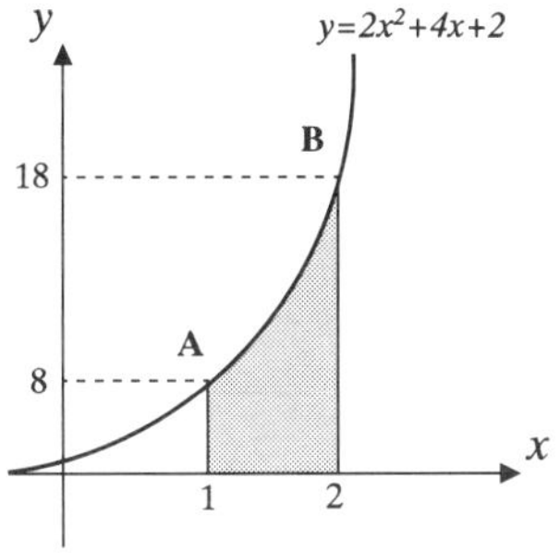

図 2.4　積　分

2.2.1 台形法

まず最も簡単な方法は2点A, Bを直線でつなぎ，点A, B, C, Dで囲まれる台形の面積 $S_{台形法}$ で近似するもので(図2.5),

$$S_{台形法}=\frac{1}{2}\times(18+8)\times1 \tag{2.45}$$
$$=13$$

かなり大胆な近似だが大体の面積が求められている．

さらに近似の精度を高めるために，例えば $x=1, 2$ の中間点 $x=1.5$，Eにおける関数値 $f(1.5)=12.5$ を用いて，図2.6のように点A, F, B, C, Dで囲まれる2個の台形面積 $S_1=AFED$，$S_2=FBCE$ の和で近似してみる．

$$S_{台形法2}=S_1+S_2=\frac{1}{2}\times(8+12.5)\times0.5+\frac{1}{2}\times(12.5+18)\times0.5 \tag{2.46}$$
$$=12.75$$

脚文字の数字は面積要素数を表す．

1個の台形で近似する場合より精度が高くなる．点A, B間の分点を増やしていけばさらに近似精度が高くなることが予想できる．これは積分区間内の傾斜が関数 $f(x)$ に，より近づくためである．

このように点A, B間を小区間に分割して，各区間の台形面積の和を求める手法を台形法と呼ぶ．台形法では関数が折れ線で近似されることになる．

一般に，点D, Cの区間 $[x_1, x_{n+1}]$ を n 分割する場合(評価点 $x_1, x_2, \cdots, x_{n+1}$)の台形法による関数 $y=f(x)$ の積分公式は

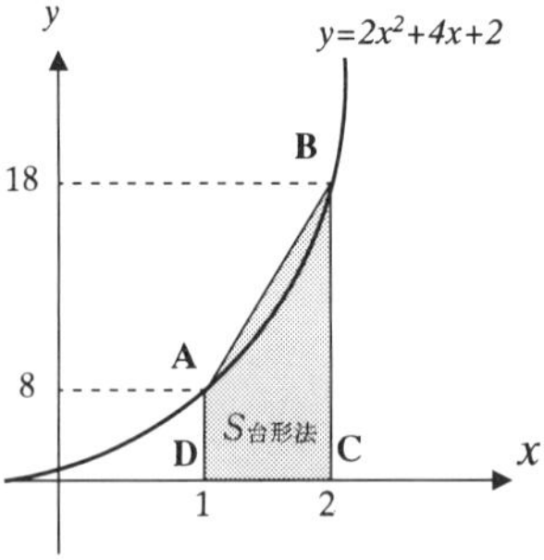

図2.5 台形法による積分

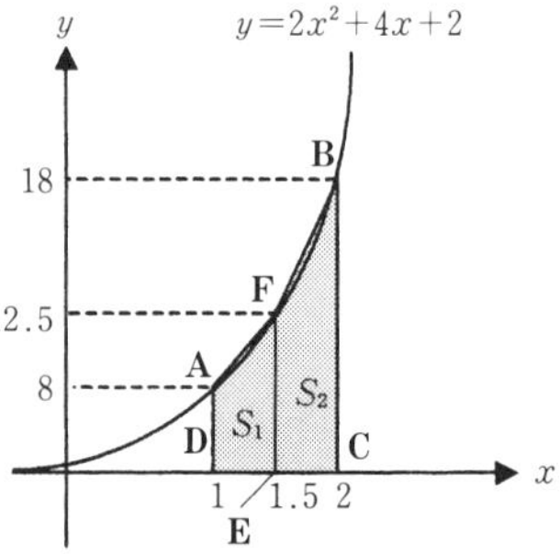

図2.6 台形法による積分(分点をとる)

$$S_{台形法\ n}=\sum_{k=1}^{n}\frac{f(x_k)+f(x_{k+1})}{2}(x_{k+1}-x_k) \tag{2.47}$$

で与えられる．

2.2.2 中 点 法

すでに図1.3で示したように面積を棒状の面積の総和で近似する方法がある．より一般化した場合を図2.7，図2.8に示す．

図2.7は棒状面積 S_3, S_4 の和を面積とするもので，実際の面積より小さめに評価される．

$$\begin{aligned} S_{棒状近似2(下限)}&=8\times0.5+12.5\times0.5\\ &=10.25 \end{aligned} \tag{2.48}$$

これに対して図2.8は同様の手法であるが，この場合の面積（S_5, S_6 の和）は大きめに計算される．

$$\begin{aligned} S_{棒状近似2(上限)}&=12.5\times0.5+18\times0.5\\ &=15.25 \end{aligned} \tag{2.49}$$

$S_{棒状近似2(下限)}<S<S_{棒状近似2(上限)}$ の関係にある．どちらも積分区間内の関数を階段状の関数で近似していることになる．区間内の分割数を増やせば関数の近似精度は高まるが，積分の誤差は台形法と比べて大きい．

これらの方法は微分 f' に対する差分 $\Delta f(x)$，$\nabla f(x)$ の関係に対応している．

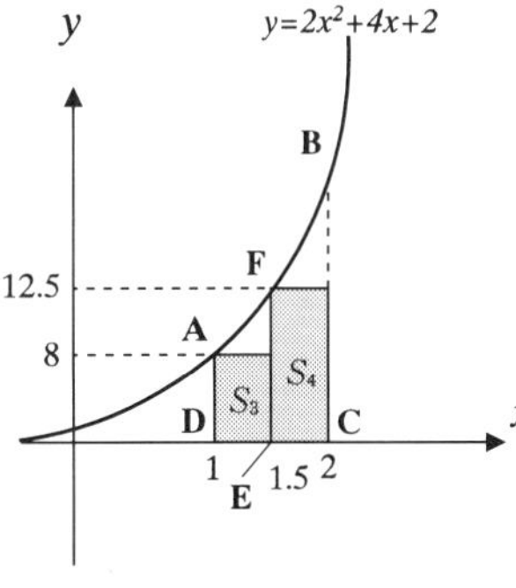

図2.7 棒グラフの面積（下限面積）

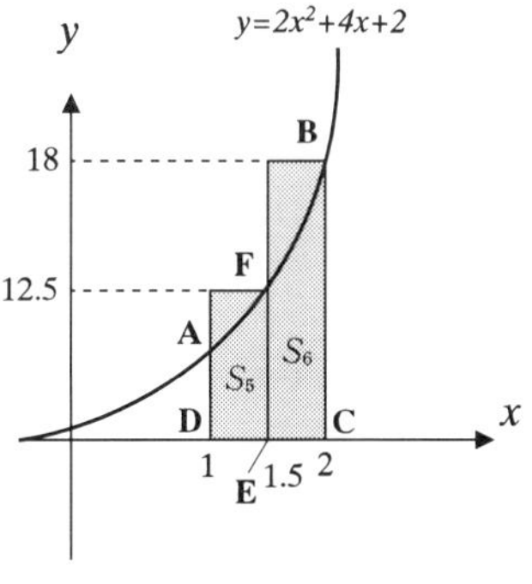

図2.8 棒グラフの面積（上限面積）

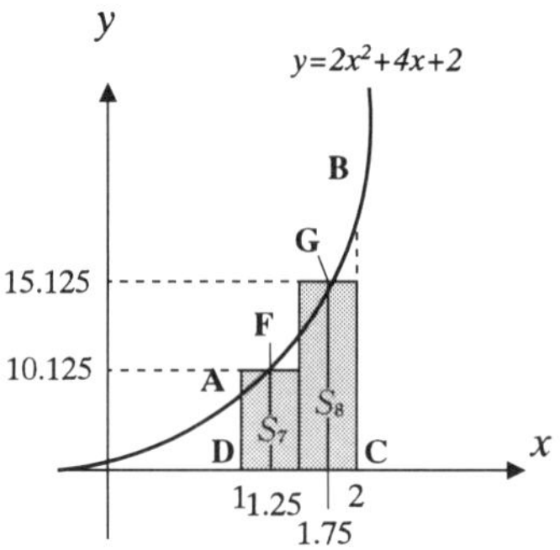

図 2.9　中点法による面積

積分 $\int_a^b f(x)dx$ の代わりに離散和 $\sum_k f(x_{k-1})(x_k - x_{k-1})$，または $\sum_k f(x_k)(x_k - x_{k-1})$ をとるものである．棒状面積の高さとして棒幅 $x_k - x_{k-1}$ の中間の値を採用する手法がある．これを図 2.9 に示す．このような近似法を**中点法**という．

面積 $S_{中点法2}$ は

$$S_{中点法2} = S_7 + S_8 = 10.125 \times 0.5 + 15.125 \times 0.5 = 12.625 \tag{2.50}$$

面積の正負が相殺されて誤差が小さくなる．これは $S_{棒状近似2(下限)}$ と $S_{棒状近似2(上限)}$ の平均値 $(S_{棒状近似2(下限)} + S_{棒状近似2(上限)})/2 = 12.75$ に近い．

点 D, C 間（区間 $[x_1, x_{n+1}]$）を n 等分した場合の，中点法による関数 $f(x)$ の積分値は

$$S_{中点法\,n} = \frac{x_{n+1} - x_1}{n} \sum_{k=1}^{n} f(x_{k+\frac{1}{2}}) \tag{2.51}$$

で与えられる．関数値 $f(x_{k+\frac{1}{2}})$ は各小区間 $[x_k, x_{k+1}]$ の中間点 $(x_k + x_{k+1})/2$ における値である．

[例題 2.6]　2 次関数 $y = f(x) = 2x^2 + 4x + 2$ を区間 $[1, 2]$ で分割数 n を変えて，それぞれ台形法と中点法で数値積分し，結果を比較してみよう．

プログラムは以下のようになる．

(プログラム 7)

```
C
      F(X)=2.*X** 2+4*X+2                      2次関数の定義
C
      XS=1.                                    積分区間 [1, 2]
      XE=2.
C
      DO 10 N=1, 5                             分割数Nを変えて計算
         DX=(XE-XS)/N                          小区間
C
      S1=0.                                    台形法
      DO 20 I=1, N
         X1=XS+DX*(I-1)
         X2=XS+DX* I
         S1=S1+0.5*(F(X1)+F(X2))*DX            式 (2.47)
 20   CONTINUE
C
      S2=0.                                    中点法
      DO 30 I=1, N
         X1=XS+DX*(I-1)
         X2=XS+DX*I
         XM=0.5*(X1+X2)
         S2=S2+F(XM)*DX                        式 (2.51)
 30   CONTINUE
C
      WRITE(*, *) N, S1, S2
C
 10   CONTINUE
```

[計算結果] 計算結果を表 2.16 に示す．中点法は少ない分割数でも比較的精度がよい．この例では両法とも 5 分割程度で解析解に近い値となる．

上の例で示したように，数値積分の基本的な考え方は，積分区間をいくつかの小区間に分割し，全体の面積を各区間の積分値の総和で近似するものである．各小区間の近似関数の近似精度が高いほど，また区間の分割数を増すほど積分値の誤差は小さくなる．また，各小区間内の近似関数の分点位置を適当に選ぶこと

表 2.16　台形法，中点法による近似解と分割数の関係

分割数 n	台形法	中点法	解析解
1	13.00000	12.50000	
2	12.75000	12.62500	
3	12.70370	12.64814	12.67
4	12.68750	12.65625	
5	12.67999	12.65999	

によって積分誤差が相殺され，積分誤差を総合的に小さくすることができる．

分割区間において関数を台形法のように直線ではなく多項式を用いて表現し，積分の高精度化を図ったものが次に述べるニュートン・コーツ法，ルジャンドル・ガウス法である．

2.2.3　ニュートン・コーツ法

ニュートン・コーツ法は，積分区間を等間隔に分割した点（両端の点を含む）における関数値を用いて積分値を求めるものである．

図 2.7 に示した台形法において，積分公式 (2.47) の増分を $h=x_{k+1}-x_k$ とすれば

$$\begin{aligned} S_{\text{台形法}2} &= h\sum_{k=1}^{2}\frac{f(x_k)+f(x_{k+1})}{2} \\ &= \frac{h}{2}(f(x_1)+f(x_2))+\frac{h}{2}(f(x_2)+f(x_3)) \\ &= h(d_1 f(x_1)+d_2 f(x_2)+d_3 f(x_3)) \end{aligned} \tag{2.52}$$

となる．

これは両端の点と区間内に設けた中間点における関数値に係数（重み係数，この場合，$d_1=1/2,\ d_2=1,\ d_3=1/2$）を掛けて総和をとり，増分 h を掛けた形をしている．

これらの重み係数を変えることで積分の誤差が低減できることを示そう．ここで，重み係数を $d_1=2/3,\ d_2=8/3,\ d_3=2/3$ に選べば

$$S_{\text{Newton3}}=h\left(\frac{2}{3}f(x_1)+\frac{8}{3}f(x_2)+\frac{2}{3}f(x_3)\right) \tag{2.53}$$

数値を代入すると

$$S_{\text{Newton3}}=0.5\times\left(\frac{1}{3}\times 8+\frac{4}{3}\times 12.5+\frac{1}{3}\times 18\right)\\=12.667 \tag{2.54}$$

を得る．脚文字の数字は分点数を表す．

式(2.53)は台形法の重み係数を変えただけであるが，解析解12.67に対して，台形法より積分精度の高いことがわかる．式(2.53)に示した近似法を**ニュートン・コーツの3点法**または**シンプソン法(第一公式)**と呼ぶ．

式(2.53)を展開，変形すれば

$$S_{\text{Newton3}}=\tilde{w}_1\times\frac{h}{2}(f(x_1)+f(x_2))+\tilde{w}_2\times\frac{h}{2}(f(x_2)+f(x_3))-\tilde{w}_3\times\frac{h}{2}(f(x_1)+f(x_3)) \tag{2.55}$$

となる．ただし，$\tilde{w}_1=4/3$，$\tilde{w}_2=4/3$，$\tilde{w}_3=2/3$．これは各区間ごとの台形の面積に適当な重み付けをすることで，中点法で述べたように積分の誤差が面積の正負によって相殺されていると考えることもできる．

次に，式(2.52)の重み係数をどのように決めるかについて述べる．

当然のことながら，各小区間の近似関数が対象関数に近いほど積分値の誤差は小さい．ニュートン・コーツ法は関数を多項式(ラグランジュ補間)で近似するものである(ラグランジュ補間については§3.2曲線のあてはめを参照．p.57)．

点D, C間の中央($x=x_2$)に点Eをとる場合を考える(図2.6)．区間内の関数を関数$f(x)$の一次結合$g(x)$で近似する．

$$g(x)=f(x_1)N_1(x)+f(x_2)N_2(x)+f(x_3)N_3(x) \tag{2.56}$$

ここで，関数$N_i(x)$ $(i=1,3)$は各領域の両端で1, 0になるような関数

$$N_1(x)=\frac{(x-x_2)(x-x_3)}{(x_1-x_2)(x_1-x_3)}\\N_2(x)=\frac{(x-x_1)(x-x_3)}{(x_2-x_1)(x_2-x_3)}\\N_3(x)=\frac{(x-x_1)(x-x_2)}{(x_3-x_1)(x_3-x_2)} \tag{2.57}$$

に選ぶ．これは2次のラグランジュ補間関数である．

積分値は $f(x)$ の代わりに近似関数 $g(x)$ を積分して求めるものとする．

$$
\begin{aligned}
S_{\text{Newton3}} &= \int_1^2 g(x)dx \\
&= \int_1^2 (f(x_1)N_1(x) + f(x_2)N_2(x) + f(x_3)N_3(x))dx \qquad (2.58) \\
&= f(x_1)\int_1^2 N_1(x)dx + f(x_2)\int_1^2 N_2(x)dx + f(x_3)\int_1^2 N_3(x)dx \\
&= w_1 f(x_1) + w_2 f(x_2) + w_3 f(x_3)
\end{aligned}
$$

ここで，

$$
\begin{aligned}
w_1 &= \int_1^2 N_1(x)dx = \int_1^2 (2x^2 - 7x + 6)dx = 0.1667 \\
w_2 &= \int_1^2 N_2(x)dx = \int_1^2 (-4x^2 + 12x - 8)dx = 0.6667 \\
w_3 &= \int_1^2 N_3(x)dx = \int_1^2 (2x^2 - 5x + 3)dx = 0.1667
\end{aligned}
$$

である．

数値を代入すると

$$
\begin{aligned}
S_{\text{Newton3}} &= 8 \times 0.1667 + 12.5 \times 0.6667 + 18 \times 0.1667 \\
&= 12.67
\end{aligned} \qquad (2.59)
$$

積分区間 [a, b] 内に $n+1$ 個の点を等間隔（$h = x_{k+1} - x_k$，$k = 1$，n（両端を含む））にとった場合に（$a = x_1, x_2, \cdots, x_{n+1} = b$），関数 $f(x)$ の積分値 $S_{\text{Newton}\ n+1}$ を表すニュートン・コーツ法の一般式は

$$
\begin{aligned}
S_{\text{Newton}\ n+1} &= \int_a^b \{f(x_1)N_1(x) + f(x_2)N_2(x) + \cdots + f(x_{n+1})N_{n+1}(x)\}dx \\
&= w_1 f(x_1) + w_2 f(x_2) + \cdots + w_{n+1} f(x_{n+1}) \\
&= h\{d_1 f(x_1) + d_2 f(x_2) + \cdots + d_{n+1} f(x_{n+1})\} \qquad (2.60)
\end{aligned}
$$

ただし，

$$
w_i = \int_a^b N_i(x)dx \qquad (2.61)
$$

$$
N_i(x) = \prod_{\substack{j=1 \\ i \neq j}}^{n+1} \frac{x - x_j}{x_i - x_j} = \frac{(x - x_1)(x - x_2)\cdots(x - x_{n+1})}{(x_i - x_1)(x_i - x_2)\cdots(x_i - x_{n+1})} \qquad (2.62)
$$

重み係数 $d_i = w_i / h$ がいくつかの典型的な点数の場合について求められてい

表 2.17 ニュートン・コーツ法の重み係数

	分割数	d_1	d_2	d_3	d_4	d_5	d_6
2 点公式	1	1/2	1/2				
3 点公式	2	1/3	4/3	1/3			
4 点公式	3	3/8	9/8	9/8	3/8		
5 点公式	4	14/45	64/45	24/45	64/45	14/45	
6 点公式	5	95/288	375/288	250/288	250/288	375/288	95/288

て，一例を表 2.17 に示す．

[例題 2.7] ニュートン・コーツ法の 4 点公式を用いて，関数 $f(x)=2x^2+4x+2$ を区間 $[1,2]$ について積分してみよう．この場合は区間を 3 分割することになる $(n+1=4)$．

表 2.17 の 4 点公式から求めた重み係数を用いれば

$$S_{\mathrm{Newton4}}=0.333\times\left\{\frac{3}{8}\times f(1)+\frac{9}{8}\times f(1.333)+\frac{9}{8}\times f(1.666)+\frac{3}{8}\times f(2)\right\}$$
$$=12.66666 \tag{2.63}$$

を得る（図 2.10）．

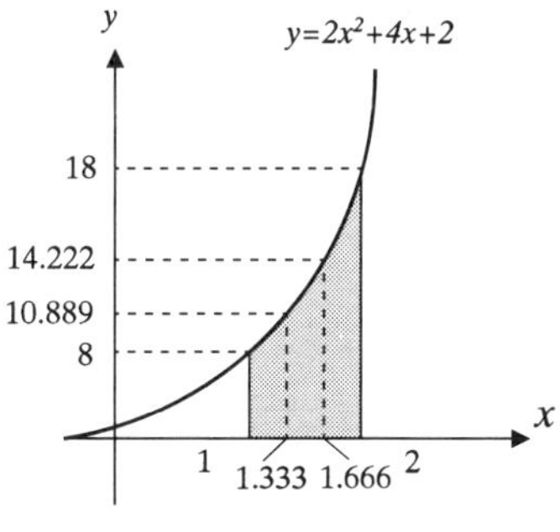

図 2.10 ニュートン・コーツ法の 4 点公式による積分

積分を行う計算プログラムを次に示す．

(プログラム 8)

```
      DIMENSION D(4)
      DATA D/0.375, 1.125, 1.125, 0.375/        重み係数 d_i
c
      F(X)=2*X**2+4*X+2                         関数の定義
c
      A=1.0                                     積分区間 [1, 2]
      B=2.0
      N=3                                       等分割数
      H=(B-A)/N                                 小区間 h
      S=0.
      DO 10 I=1, 4
        X=A+H*(I-1)
        S=S+H*D(I)*F(I)                         式 (2.60)
 10   CONTINUE
```

[計算結果]　S=12.66666

2.2.4　ルジャンドル・ガウス法

ニュートン・コーツ法では積分区間を等分割した点 (両端を含む) について関数値を評価した．ルジャンドル・ガウス法では不均等間隔の区分点における関数値から積分値を算出する．ただし，ニュートン・コーツ法と異なり両端の点は含まないことに注意．

再び，2 次関数 $f(x)=2x^2+4x+2$ を区間 $[1,2]$ で積分する例を用いる．ルジャンドル・ガウス法では積分値を次式で求める．区間内に 3 個の区分点 (両端を含まない) を設けた場合

$$S_{\text{Legendre3}}=\frac{1}{2}\times\left\{\frac{5}{9}f\left(x_2-\frac{1}{2}\times\sqrt{\frac{3}{5}}\right)+\frac{8}{9}f(x_2)+\frac{5}{9}f\left(x_2+\frac{1}{2}\times\sqrt{\frac{3}{5}}\right)\right\} \tag{2.64}$$

台形法 (式 (2.52)) と比較すると，重み係数が異なるだけでなく，分点の位置が移動している．ただし，x_2 は区間 $[1,2]$ の中央の分点 ($x_2=1.5$) になっている．

数値を代入すれば，

$$S_{\mathrm{Legendre3}}=\frac{1}{2}\times\left\{\frac{5}{9}f(1.113)+\frac{8}{9}f(1.5)+\frac{5}{9}f(1.887)\right\}$$
$$=12.66666 \tag{2.65}$$

となる．

両端の点 D, C の関数値は用いていない．この近似法はルジャンドル・ガウスの **3** 点法と呼び，積分の精度がよい．ルジャンドル・ガウス法では積分区間内の関数を多項式（ルジャンドル多項式）で近似している．積分は多項式を直接積分して得られる．上の例では 2 次の多項式を用いている．

一般に，積分区間 [a, b] 内に不等間隔に設けた n 個の区分点（両端を含まず）における関数値を用いて積分 $S_{\mathrm{Legendre}\ n}$ を求めるルジャンドル・ガウス法は

$$S_{\mathrm{Legendre}\ n}=\frac{b-a}{2}\sum_{i=1}^{n}w_i f\left(\frac{a+b}{2}+\frac{b-a}{2}\eta_i\right) \tag{2.66}$$

で表される．重み係数 w_i と積分区間内の分点位置 η_i の組み合わせが，いくつかの典型的な例について求められている．一例を表 2.18 に示す．ニュートン・コーツ法の式（式 (2.60)）とは異なり，分点が区間の両端の点を含まない．また，分点の位置は重み係数との組み合わせで与えられ，分点の位置が任意には設定できないことに注意．

表 2.18 ルジャンドル・ガウス法の重み係数と分点位置の係数

	w_i	η_i
2 点公式	1	$-\sqrt{(1/3)}$
	1	$-\sqrt{(1/3)}$
3 点公式	5/9	$-\sqrt{(3/5)}$
	8/9	0
	5/9	$-\sqrt{(3/5)}$
4 点公式	0.3478548	−0.861136
	0.6521452	−0.339981
	0.6521452	0.339981
	0.3478548	0.861136

[例題 2.8] ルジャンドル・ガウス法の 4 点公式を用いて，関数 $f(x)=2x^2+4x+2$ を区間 [1, 2] で積分してみよう．

表2.18の4点公式より，

$$
\begin{aligned}
S_{\mathrm{Legendre4}} = \frac{1}{2} \times \{ & 0.3478548 \times f(1.5 - 0.5 \times 0.8611363) \\
& + 0.6521452 \times f(1.5 - 0.5 \times 0.3399810) \\
& + 0.6521452 \times f(1.5 + 0.5 \times 0.3399810) \\
& + 0.3478548 \times f(1.5 + 0.5 \times 0.8611363) \} \qquad (2.67) \\
= 0.5 \times \{ & 0.3478548 \times 8.565 + 0.6521452 \times 10.858 \\
& + 0.6521452 \times 14.258 + 0.3478548 \times 17.177 \} \\
= 12.66666 &
\end{aligned}
$$

となる (図2.11).

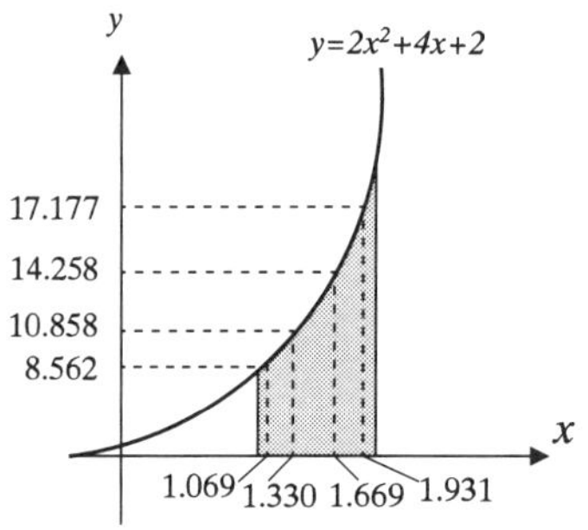

図2.11 ルジャンドル・ガウス法の4点公式による積分

計算プログラムを次に示す.

(プログラム9)

```
      DIMENSION W(4), T(4)                    重み係数 wi と分点の位置 ηi
      DATA W/0.3478548451, 0.6521451548, 0.6521451548, 0.3478548451/
      DATA T/−0.8611363116, −0.3399810436, 0.3399810436, 0.8611363116/
C
      F(X)=2*X**2+4*X+2                       関数の定義
C
      A=1.0                                   積分区間 [1, 2]
```

```
      B=2.0
      N=3                                  不等分割数
      H1=(B-A)/2.                          係数の計算
      H2=(A+B)/2.                          係数の計算
c
      S=0.
      DO 10 I=1, 4
         X=H2+H1*T(I)                      分点の位置
         S=S+H1*W(I)*F(X)                  式 (2.66)
 10   CONTINUE
```

［計算結果］ S=12.6666666

演 習 問 題

2.1 3次関数 $f(x)=2x^3-x^2+1$ の $x=2$ における1階の微係数を求めなさい．ただし，増分は $h=0.1$ にとる．解析解は $f'(2)=20$ である．

a） 前進差分近似の場合

b） 後退差分近似の場合

2.2 3次関数 $f(x)=2x^3-x^2+1$ を区間 $[1,2]$ で数値積分しなさい．ただし，解析解は $\int_1^2 f(x)dx=6.166667$ である．

a） 中点法（4分割）を用いた場合

b） ニュートン・コーツ法の5点公式を用いた場合

c） ルジャンドル・ガウス法の4点公式を用いた場合

Tea Time

積分のもう1つの考え方

図に示すような一辺 $2a$ の正方形とそれに内接する円がある．この面積を求めたい．これは中学校で習った知識で直ちに

$$\begin{aligned}\text{正方形の面積}\quad S_{\square}&=4a^2\\ \text{円の面積}\quad S_{\bigcirc}&=\pi a^2\end{aligned}\quad \text{よって}\quad \text{面積比}\quad \frac{S_{\bigcirc}}{S_{\square}}=\frac{\pi a^2}{4a^2}=\frac{\pi}{4}<1$$

を得ることができる．しかし，π の値が不明であるとすれば $S_{\bigcirc}$ を知ることは簡単でない．

本章で考察した積分は，関数と座標軸とで囲まれた領域の面積を求めるものとしてとらえた．したがって，  で示される領域の面積を求めるのは容易である．正方形，円の面積はそれぞれの領域の4倍である．

これらの面積を全く異なる確率的な考察から求めることができる．たくさんの針の束をこの図の上から落とした場合を考える．図のどの位置も落ちる確率が同じであるとすれば，正方形の中に落ちた針の数と円の中に落ちた数を数え，その比をとれば面積比が得られる．$S_{\square}$ がわかっているから $S_{\bigcirc}$ が求められる．実際は針の代わりに乱数を使う．コンピュータ内で多数の乱数(疑似乱数)を発生させ，それが  内にあたるか， 内にあたるかを判定，その数をカウントするのである．コンピュータは同じ手順の繰り返しを多数回行うのが得意である．

π は面積比の4倍であるから π も求めることができる．これによって π の意味も明らかであろう．

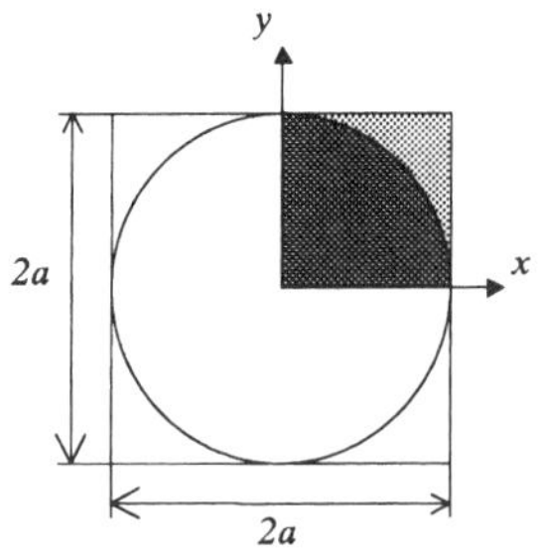

このような手法はモンテカルロ法と呼ばれる．モンテカルロはモナコの首都でカジノで知られる．

3 補間と曲線のあてはめ

通常われわれが経験するのは，連続的な変化に対して，連続的な結果が得られるものである．これらを実験的に計測する場合には，しかしながら，飛び飛びの入力に対して飛び飛びの結果が出力され，特に意識することなくそれらの点を適当に結んでグラフなどを作成している．例えば，時間とともに変化する量(振動，熱，音，光)を計測する場合に，ある一定時間ごとに変動量を計測すると時刻と変動量という組のデータが時刻ごとに得られる．物体形状を計測する場合には，物体表面に設けた点の x, y, z の任意の座標を一組としたデータが記録される．離散的ないくつかの地点の高度がわかっており，それらのデータからその地域の等高線を引く場合などが，これに相当する．

このように，本来は連続的な量が飛び飛びの離散的なデータとして得られている場合にデータ間の値を求めたい．離散的なデータを用いて各データ間の値を求める数値的な手法は“補間”と呼ばれ，これは，離散点を通る1つの曲線を求める“曲線のあてはめ”である．いずれも隣接したデータ間の近似値を得るための手段である．この章では補間と曲線のあてはめの考え方，そのための各種の手法といくつかの適用例について述べる．

3.1 補　　間

独立変数 x に対して関数 $y=f(x)$ の値が離散的に与えられている場合を考えよう(図3.1)．変数 x は位置または時間と考えてよい．離散的な変数値 x は等間隔，不等間隔を問わない．隣接する離散点間の変数に対応する関数値を求める

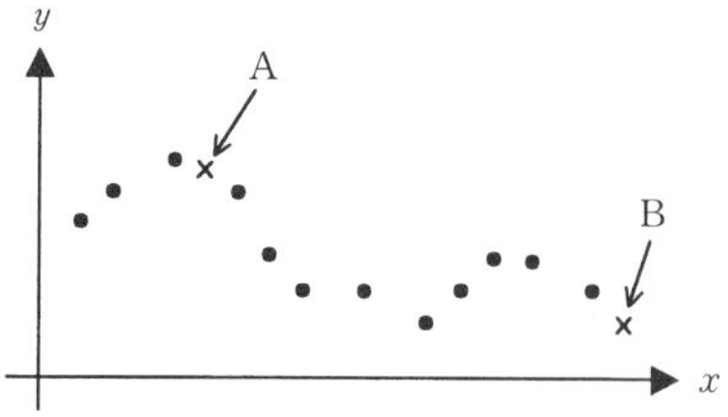

図 3.1 内挿と外挿

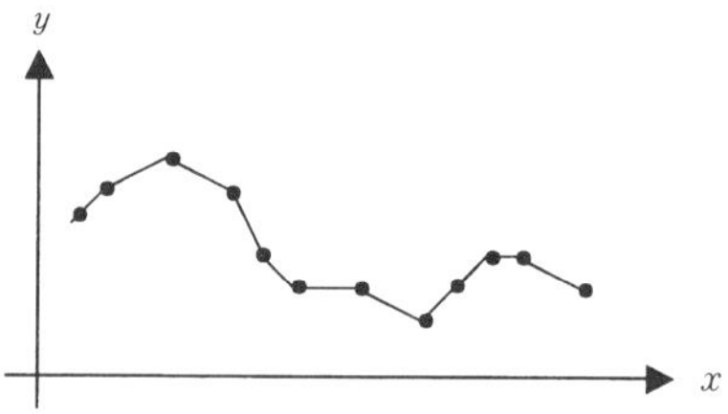

図 3.2 折れ線近似

ことを内挿(点 A を求める場合)と呼び，離散点のとりうる，変数 x の範囲以外の関数値を求めることを外挿(点 B を求める場合)という．

3.1.1 内 挿 法

a. 折れ線近似

最も簡単な方法は離散点間を直線で結び，関数 $y=f(x)$ を折れ線で近似する方法である．図 3.1 の各点を x の小さい方から直線でつなぐと図 3.2 のようになる．折れ線近似では，隣接する 2 点間の関数は折れ線上にあるものとみなされる．折れ線はいくつかの直線をつないで構成されているため，どの区間の関数値を求めるかによって直線を示す式が異なる．

2 章で扱った例をもう一度取り上げる．独立変数 x と関数値 $y(=f(x))$ が表 3.1(表 2.2 を再掲)のように与えられている場合に，$x=2.3$ における関数値を求めることを考えよう．

表 3.1 離散的なデータ

独立変数値 x	0	1	2	3	4	5
関数値 $f(x)$	−2	2	4	4.8	5	4.5

2 点を通る直線の式は，隣り合う 2 点の座標を $(x_1, y_1), (x_2, y_2)$ とすると

$$y=f(x)=\frac{y_2-y_1}{x_2-x_1}x+y_1-\frac{y_2-y_1}{x_2-x_1}x_1 \tag{3.1}$$

で与えられる．

したがって，折れ線を構成する各区間ごとの直線の式は，

$$
\begin{aligned}
\text{区間}\,[0, 1]&: y=4x-2\\
[1, 2]&: y=2x\\
[2, 3]&: y=0.8x+2.4\\
[3, 4]&: y=0.2x+4.2\\
[4, 5]&: y=-0.5x+7
\end{aligned}
\tag{3.2}
$$

である．

求めたい関数値が区間 [2, 3] にあるから直線の式は $y=0.8x+2.4$，$x=2.3$ を代入すれば関数値 $y=4.24$ が得られる．

［例題 3.1］ x の値に応じて該当する折れ線を選択するプログラムを作成し，$x=2.3$ における関数値を求めてみよう．

プログラムは次のようになる．

(プログラム 10)

```
      DIMENSION X(6), Y(6)
      DATA X/0., 1., 2., 3., 4., 5./
      DATA Y/-2., 2., 4., 4.8, 5., 4.5/
C                                                  式 (3.1)
      F(P, R1, R2, Q1, Q2)=(Q2-Q1)/(R2-R1)*P+Q1-(Q2-Q1)/(R2-R1)*R1
C
      Z=2.3                                        変数値
C                                                  条件分け
C                                                  条件：Z<X(1)
      IF (Z.LT.X(1)) STOP
C                                                  条件：X(1)≦Z<X(2)
      IF ((Z.GE.X(1)).AND.(Z.LT.X(2))) ANS=F(Z, X(1), X(2), Y(1), Y(2))
C                                                  条件：X(2)≦Z<X(3)
      IF ((Z.GE.X(2)).AND.(Z.LT.X(3))) ANS=F(Z, X(2), X(3), Y(2), Y(3))
C                                                  条件：X(3)≦Z<X(4)
      IF ((Z.GE.X(3)).AND.(Z.LT.X(4))) ANS=F(Z, X(3), X(4), Y(3), Y(4))
C                                                  条件：X(4)≦Z<X(5)
      IF ((Z.GE.X(4)).AND.(Z.LT.X(5))) ANS=F(Z, X(4), X(5), Y(4), Y(5))
C                                                  条件：X(5)≦Z<X(6)
```

```
      IF ((Z.GE.X(5)).AND.(Z.LT.X(6))) ANS＝F(Z, X(5), X(6), Y(5), Y(6))
C                                                          条件：X(6)<Z
      IF (Z.GT.X(6)) STOP
```

[計算結果]　$Y=4.24$

折れ線近似は，関数の変化の大きい箇所でデータ数が少ないと折れ線が大きく折れ曲がる．これらの値は区間外の離散点(関数)の影響を受けない．また，離散点での微係数 $f'(x)$ は定義できない．

b.　テイラー級数を利用した近似

関数 $y=f(x)$ が連続的になめらかに変化するものと考えて，テイラー級数(§2.1.4 テイラー級数による誤差の見積りを参照．p. 26)を利用して関数を補間することができる．

増分 h が小さい場合に，関数 $f(x+h)$ のテイラー級数は次のように表された．

$$f(x+h)=f(x)+\frac{f'(x)}{1!}h+\frac{f''(x)}{2!}h^2+\cdots+\frac{f^{(n)}(x)}{n!}h^n+\cdots \tag{3.3}$$

ただし，$f^{(n)}(x)$ は関数 $f(x)$ の n 階導関数(n 次微係数)である．n 次導関数が2章で述べた前進差分，後退差分および中央差分で近似されれば，$f(x+h)$ が数値的に評価される．補間は差分近似の重要な応用の1つである．

具体的に差分公式を用いて関数を補間してみよう．

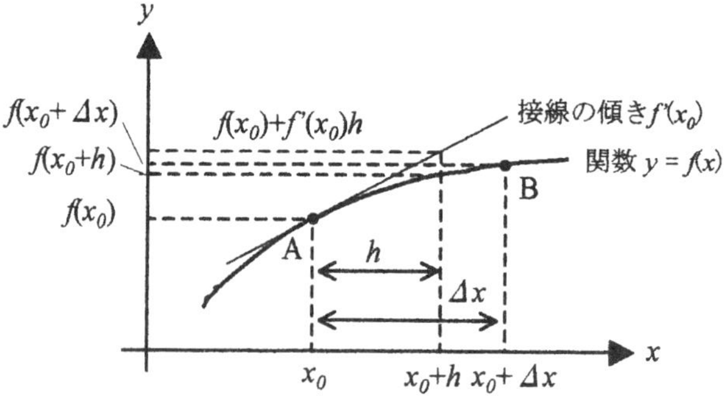

図 3.3　前進差分による内挿
x_0+h における関数値 $f(x_0+h)$ を点 A$(x=x_0)$，B$(x=x_0+\Delta x)$ 間の内挿として求める．

1）前進差分による内挿　図3.3に示すように，x_0+h における関数値 $f(x_0+h)$ を点 A$(x=x_0)$, B$(x=x_0+\varDelta x)$ 間の内挿として求めてみよう．2.1数値微分では増分 h とステップ幅 $\varDelta x$ が等しい場合を扱った．本章では $h<\varDelta x$ である例を検討する．

テイラー級数展開式(3.3)の右辺の項は無限に続くが，簡単のために $h\ll 1$ に対して右辺の第2項までで打ち切ると，近似式は

$$f(x_0+h)=f(x_0)+f'(x_0)h \tag{3.4}$$

これは傾きが $f'(x_0)$ である接線上で関数値を内挿することを示す．増分 h が大きいと近似値 $f(x_0)+f'(x_0)h$ は実際の関数値 $f(x_0+h)$ から大きくずれることになる．式(3.4)は x_0 のごく近傍 $(h\ll 1)$ でのみ成立する近似式である．

表3.1に与えられたデータから微係数を誤差 $O(h)$ の前進差分で近似し，$x=2.3$ における関数値を求めてみよう．

微係数を誤差 $O(h)$ の前進差分で近似すれば

$$f(x_0+h)=f(x_0)+\frac{f(x_0+\varDelta x)-f(x_0)}{\varDelta x}h \tag{3.5}$$

関数値は式(3.5)と表2.3より

$$\begin{aligned} f(2.3)&=f(2)+f'(2)\times 0.3\\ &=4+0.8\times 0.3\\ &=4.24 \end{aligned} \tag{3.6}$$

あるいは

$$\begin{aligned} f(2.3)&=f(3-0.7)\\ &=f(3)-f'(3)\times 0.7\\ &=4.8-0.2\times 0.7\\ &=4.66 \end{aligned} \tag{3.7}$$

式(3.6)は当然のことながら折れ線近似の解(p. 49)と一致するが，式(3.7)の解は異なっている．これは $f'(2)\neq f'(3)$ のためである．折れ線近似による傾斜と1次の前進差分近似がいつも同一の結果を得るとは限らない．この場合，$x=2.3$ は $2<x<3$ であるが，微係数はより近い $x=2$ における値を採用すべきである．

さらに高精度の前進差分近似式を採用することを考える．式(3.3)の右辺を第

3項まで考慮すると

$$f(x_0+h)=f(x_0)+\frac{f'(x_0)}{1!}h+\frac{f''(x_0)}{2!}h^2 \tag{3.8}$$

この式の1階と2階の微係数を誤差の大きさが $O(h^2)$ の前進差分で近似する．したがって

$$f(x_0+h)=f(x_0)+\frac{f(x_0+\Delta x)-f(x_0)}{1!\Delta x}h+\frac{f(x_0+2\Delta x)-2f(x_0+\Delta x)+f(x_0)}{2!\Delta x^2}h^2 \tag{3.9}$$

関数値 $f(x_0+h)$ が，関数値 $f(x_0)$ とその近傍の値 $f(x_0+\Delta x)$，$f(x_0+2\Delta x)$ および増分 h から計算できることがわかる．

［例題 3.2］ 表3.1の例で $x=2.3$ における関数値を誤差 $O(h^2)$ の前進差分近似で求めてみよう．

式(3.9)と表2.12より関数値は

$$\begin{aligned} f(2.3)&=f(2)+f'(2)\times 0.3+\frac{f''(2)}{2}\times 0.3^2 \\ &=4+0.8\times 0.3-\frac{0.6}{2}\times 0.3^2 \\ &=4.213 \end{aligned} \tag{3.10}$$

2） 後退差分による内挿　同様に，微係数に後退差分近似を適用して関数を内挿することができる．

式(3.4)を誤差のオーダが $O(h)$ である後退差分で近似すると

$$f(x_0+h)=f(x_0)+\frac{f(x_0)-f(x_0-\Delta x)}{1!\Delta x}h \tag{3.11}$$

式(3.8)の各導関数を誤差のオーダが $O(h^2)$ である後退差分で近似すると

$$\begin{aligned} f(x_0+h)=f(x_0)&+\frac{f(x_0)-f(x_0-\Delta x)}{1!\Delta x}h \\ &+\frac{f(x_0)-2f(x_0-\Delta x)+f(x_0-2\Delta x)}{2!\Delta x^2}h^2 \end{aligned} \tag{3.12}$$

関数値 $f(x_0+h)$ が，3個の関数値 $f(x_0)$，$f(x_0-\Delta x)$，$f(x_0-2\Delta x)$ と増分 h で表現される．微係数の評価のとり方が前進差分と異なるだけである．

［例題 3.3］ 表 3.1 の例で，$x=2.3$ における関数値を誤差 $O(h^2)$ の後退差分近似で求めてみよう．

式 (3.12) と 表 2.13 より関数値は

$$f(2+0.3)=f(2)+f'(2)\times 0.3+\frac{f''(2)}{2}\times 0.3^2$$
$$=4+2\times 0.3-\frac{2}{2}\times 0.3^2 \tag{3.13}$$
$$=4.51$$

3） 中央差分による内挿　誤差のオーダが $O(h^2)$ である中央差分は，式 (3.4) から

$$f(x_0+h)=f(x_0)+\frac{f(x_0+\mathit{\Delta} x)-f(x_0-\mathit{\Delta} x)}{1!2\mathit{\Delta} x}h \tag{3.14}$$

誤差のオーダが $O(h^4)$ である中央差分の場合は

$$f(x_0+h)=f(x_0)+\frac{f(x_0+\mathit{\Delta} x)-f(x_0-\mathit{\Delta} x)}{1!2\mathit{\Delta} x}h$$
$$+\frac{f(x_0+2\mathit{\Delta} x)-2f(x_0)+f(x_0-2\mathit{\Delta} x)}{2!4\mathit{\Delta} x^2}h^2 \tag{3.15}$$

のように展開される．

［例題 3.4］ 表 3.1 の例で，$x=2.3$ における関数値を精度 $O(h^2)$ の中央差分近似で求めてみよう．

式 (3.14) と表 2.14 より関数値は

$$f(2+0.3)=f(2)+f'(2)\times 0.3$$
$$=4+1.4\times 0.3 \tag{3.16}$$
$$=4.42$$

となる．

$x=2.3$ における関数値を前進差分，後退差分，中央差分近似で求めるプログラムを次に示す．

(プログラム 11)

```
      DIMENSION X(6), Y(6)
      DATA X/0., 1., 2., 3., 4., 5./
      DATA Y/-2., 2., 4., 4.8, 5., 4.5/
C
      F1(R1, R2)=R2-R1
      F2(R1, R2, R3)=(R3-2*R2+R1)/2.
C
      Z=2.3                                                   変数
            IF (Z.LT.X(1))  STOP                              条件：x<0
         IF ((Z.GE.X(1)).AND.(Z.LT.X(2)))  N=1                ：0 ≦x<1
         IF ((Z.GE.X(2)).AND.(Z.LT.X(3)))  N=2                ：1 ≦x<2
         IF ((Z.GE.X(3)).AND.(Z.LT.X(4)))  N=3                ：2 ≦x<4
         IF ((Z.GE.X(4)).AND.(Z.LT.X(5))) N=4                 ：3 ≦x<4
         IF ((Z.GE.X(5)).AND.(Z.LT.X(6))) N=5                 ：4 ≦x<5
            IF (Z.GT.X(6)) STOP                               ：1<x
C
      H=Z-X(N)                                                増分 h
C 前進差分
      R1=Y(N)
      R2=Y(N+1)
      R3=Y(N+2)
      ANS=Y(N)+F1(R1, R2)*H+F2(R1, R2, R3)*H**2              式 (3.9)
C 後退差分
      R1=Y(N-2)
      R2=Y(N-1)
      R3=Y(N)
      ANS=Y(N)+F1(R2, R3)*H+F2(R1, R2, R3)*H**2              式 (3.12)
C 中央差分
      R1=Y(N-2)
      R2=Y(N-1)
      R3=Y(N)
      R4=Y(N+1)
      R5=Y(N+2)
      ANS=Y(N)+F1(R2, R4)*H/2                                式 (3.14)
```

[計算結果] 前進差分：4.213000

後退差分：4.510000

中央差分：4.420000

3.1.2 外 挿 法

前節では関数をテイラー展開し，微係数の代わりに各種差分式近似を採用して内挿値を求めた．本節では，離散的なデータの得られる変数 x の範囲外の関数値を求める外挿法について述べる．これは変数が時間の場合，関数が将来どのように変化するかを予測するものである．外挿にも内挿と同様にテイラー級数展開と差分近似を利用する．

a. テイラー級数による近似

1) 前進差分による外挿　微係数の評価に $O(h^2)$ のオーダの誤差を許した前進差分を採用した場合，テイラー級数展開は式(3.9)で与えられた．これはある任意の関数が独立変数のある値の周りに展開できるとするものである．すなわち，関数値 $f(x_0+h)$ が $f(x_0)$ と x の増加する方向の関数値 $f(x_0+\Delta x)$, $f(x_0+2\Delta x)$ と増分 h から計算できることを示している．増分 h を $-h$ で置き換えれば変数 x の減少する方向に対して関数 $f(x_0-h)$ は

$$f(x_0-h)=f(x_0)-\frac{f(x_0+\Delta x)-f(x_0)}{1!\Delta x}h+\frac{f(x_0+2\Delta x)-2f(x_0+\Delta x)+f(x_0)}{2!\Delta x^2}h^2 \tag{3.17}$$

となる．外挿はこれを x の最小値の外側に適用しようとするものである(図

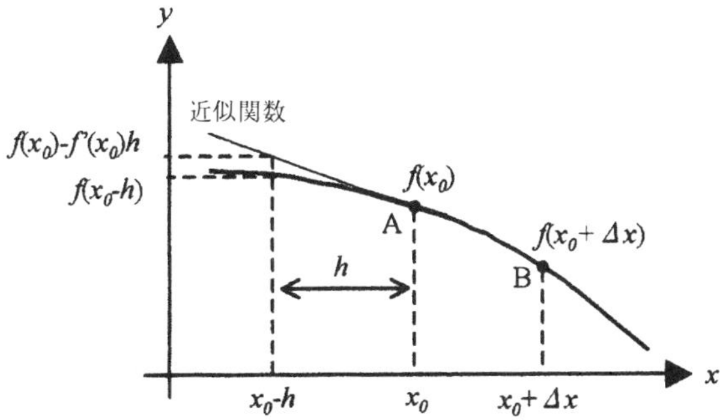

図 3.4　前進差分による外挿

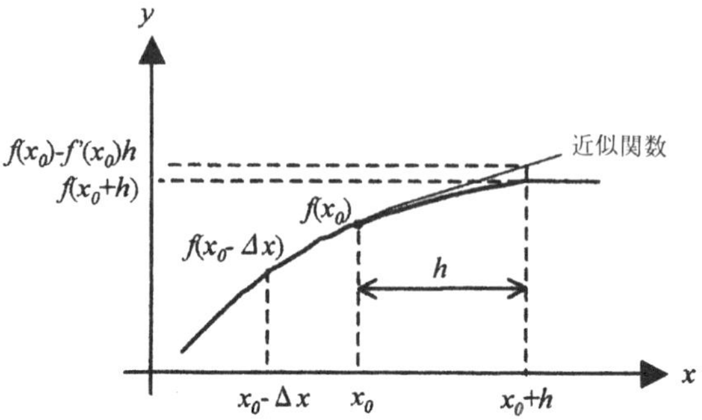

図 3.5　後退差分による外挿

3.4)．上限の外挿の場合は後退差分による外挿を採用すればよい (図 3.5)．したがって，外挿も内挿と本質的には何ら異ならない．

［例題 3.5］　表 3.1 のような離散的なデータが与えられている．$x=-0.3$ における関数値を誤差 $O(h^2)$ の前進差分近似を用いて求めてみよう．

式 (3.17) に代入すると

$$f(-0.3)=f(0-0.3)=f(0)-\frac{f(1)-f(0)}{1}\times 0.3+\frac{f(2)-2\times f(1)+f(0)}{2}\times 0.3^2$$

$$=-2-\frac{2+2}{1}\times 0.3+\frac{4-2\times 2-2}{2}\times 0.3^2$$

$$=-3.29 \tag{3.18}$$

2）　後退差分による外挿　　式 (3.12) を変数 x の最大値の外側 (図 3.5 参照) へ適用 (外挿) する．微係数の評価に後退差分を採用する．

［例題 3.6］　表 3.1 の離散的データから，$x=5.3$ における関数値を求めてみよう．

式 (3.12) より

$$f(5.3)=f(5+0.3)=f(5)+\frac{f(5)-f(4)}{1}\times 0.3+\frac{f(5)-2f(4)+f(3)}{2}\times 0.3^2$$

$$=4.5+\frac{4.5-5}{1}\times 0.3+\frac{4.5-2\times 5+4.8}{2}\times 0.3^2$$

$$=4.3185 \tag{3.19}$$

[例題 3.5]，[例題 3.6] を解くプログラムを次に示す．

(プログラム 12)

```
      DIMENSION X(6), Y(6)
      DATA X/0., 1., 2., 3., 4., 5./
      DATA Y/-2., 2., 4., 4.8, 5., 4.5/
C
      F1(R1, R2)=R2-R1
      F2(R1, R2, R3)=(R3-2*R2+R1)/2.
C
      ZU=-0.3
      ZD=5.3
C
C 前進差分
      N=1
        H=ZU-X(N)
        R1=Y(N)
        R2=Y(N+1)
        R3=Y(N+2)
        ANS=Y(N)+F1(R1, R2)*H+F2(R1, R2, R3)*H**2        式 (3.17)
C 後退差分
      N=6
        H=ZD-X(N)
        R1=Y(N-2)
        R2=Y(N-1)
        R3=Y(N)
        ANS=Y(N)+F1(R2, R3)*H+F2(R1, R2, R3)*H**2        式 (3.12)
```

[計算結果] 前進差分：−3.290000
後退差分：　4.318500

3.2 曲線のあてはめ

前節で述べた補間法は，いくつかの関数値から近傍の関数値を予測するものである．これらの方法は，補間される関数値がその両端とその近傍の関数値によって決定され，離れた関数値の影響は少ないことを前提にしている．また差分近似を採用している関係上，間隔は均等であることが望ましい．

これに対して，離散点全てを通るなめらかな曲線を考えることができる．また離散点を必ずしも通らないが，離散点からのずれが全体として最小になるような曲線を求めることも考えられる．これらは“曲線のあてはめ”と呼ばれ，離散点の間隔が不均等である場合にも適用できる．前者は“ラグランジュ補間”や“スプライン補間”，後者には“最小2乗法”などが利用される．曲線のあてはめでは補間する関数値が近傍だけではなく，そこから離れたデータの影響を大きく受ける場合がある．近似曲線が得られれば，曲線上の任意の関数値が内挿，外挿を問わず容易に求められる．

3.2.1 ラグランジュ補間

3.1 節で述べた折れ線近似では，近似関数は全ての離散点を通るものの離散点で急激に折れ曲がるので，なめらかな関数とはならない(離散点で微分不可，微係数不連続)．曲線が連続的でなめらかな関数であるためには全ての離散点を通るだけでは十分ではなく，各離散点でもなめらかにつながる必要がある．$n+1$ 個の離散点を通るなめらかな関数は1つの n 次多項式で表せる．この多項式は定義された区間内で $n-1$ 階の導関数まで連続である．

しかし，複数の離散点を通る曲線は無数にあるため，ただ全ての離散点を通り

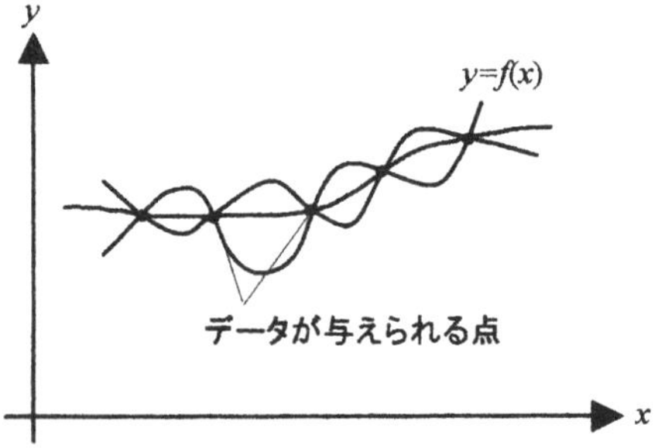

図 3.6　多項式による関数あてはめと補間

なめらかであるという条件だけでは，一義的に曲線を決定することができない(図3.6)．さらに関数の各部が全ての離散点の影響を受けるため，1箇所でも離散点がわずかに移動しただけで曲線全体が大幅に変わることがありうる．

高次の多項式で関数を近似するものに**ラグランジュ補間**がある．ラグランジュ補間は等間隔の離散点に対して適用が可能である．具体的な適用例をもとに考える．

［例題 3.7］　表3.2のデータ列 $(x_i, y_i=f(x_i),\ i=1,4)$ を通るなめらかな曲線を3次のラグランジュ補間で求め，時間 $x=2.3$ における関数値を内挿により求めてみよう．

表 3.2　離散的データ

独立変数値 x	1	2	3	4
関数値 $y=f(x)$	2	4	4.8	5

独立変数 x_i に対して $y_i=f(x_i)\,(i=1,4)$ とする．

次のような4個の離散点 $y_1 \sim y_4$ を通る3次の多項式を考える．

$$\begin{aligned} y(x) &= f(x_1)N_1(x)+f(x_2)N_2(x)+f(x_3)N_3(x)+f(x_4)N_4(x) \\ &= y_1N_1+y_2N_2+y_3N_3+y_4N_4 \end{aligned} \tag{3.20}$$

ただし，関数 $N_i(x)$

$$\left.\begin{aligned} N_1(x) &= \frac{(x-x_2)(x-x_3)(x-x_4)}{(x_1-x_2)(x_1-x_3)(x_1-x_4)} \\ N_2(x) &= \frac{(x-x_1)(x-x_3)(x-x_4)}{(x_2-x_1)(x_2-x_3)(x_2-x_4)} \\ N_3(x) &= \frac{(x-x_1)(x-x_2)(x-x_4)}{(x_3-x_1)(x_3-x_2)(x_3-x_4)} \\ N_4(x) &= \frac{(x-x_1)(x-x_2)(x-x_3)}{(x_4-x_1)(x_4-x_2)(x_4-x_3)} \end{aligned}\right\} \tag{3.21}$$

は $0 \leq x \leq 1$ 間で定義される1つの補間関数(3次関数)である．

数値を代入すると

$$\left.\begin{aligned}
N_1(x)&=\frac{(x-2)(x-3)(x-4)}{(1-2)(1-3)(1-4)}=-0.166x^3+1.5x^2-4.333x+4\\
N_2(x)&=\frac{(x-1)(x-3)(x-4)}{(2-1)(2-3)(2-4)}=0.5x^3-4x^2+9.5x-6\\
N_3(x)&=\frac{(x-1)(x-2)(x-4)}{(3-1)(3-2)(3-4)}=-0.5x^3+3.5x^2-7x+4\\
N_4(x)&=\frac{(x-1)(x-2)(x-3)}{(4-1)(4-2)(4-3)}=0.166x^3-x^2+1.833x-1
\end{aligned}\right\} \tag{3.22}$$

したがって，多項式 $y(x)$ は

$$\begin{aligned}
y(x)&=2\times(-0.166x^3+1.5x^2-4.333x+4)+4\times(0.5x^3-4x^2+9.5x-6)\\
&\quad+4.8\times(-0.5x^3+3.5x^2-7x+4)+5\times(0.166x^3-x^2+1.833x-1)\\
&=0.1x^3-1.2x^2+4.9x-1.8
\end{aligned} \tag{3.23}$$

x を代入してみると，x_i に対して y_i を満足していることが確認できる．

$x=2.3$ に対して

$$y(2.3)=4.3387 \tag{3.24}$$

を得る．近似関数（式(3.23)）と離散点の関係を図 3.7 に示す．関数は各離散点を通り，なめらかである．

ラグランジュ補間の一般式は次のとおりである．

$n+1$ 個の離散点 $(x_1, x_2, \cdots, x_{n+1})$ に対して関数値 $(f(x_1), f(x_2), \cdots, f(x_{n+1}))$ が定義されるとき，それら全てを通るなめらかな n 次の多項式 $g(x)$ は次式で表される．

$$g(x)=f(x_1)N_1(x)+f(x_2)N_2(x)+\cdots+f(x_{n+1})N_{n+1}(x) \tag{3.25}$$

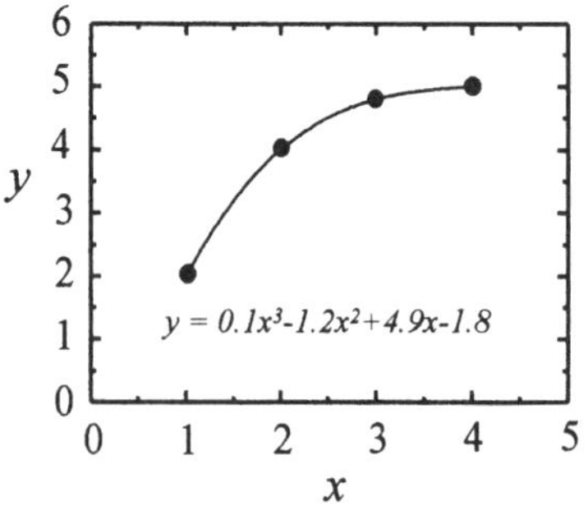

図 3.7　ラグランジュ補間

ここで，内挿関数は

$$N_i(x)=\prod_{\substack{j=1\\ i\neq j}}^{n+1}\frac{x-x_j}{x_i-x_j}=\frac{(x-x_1)(x-x_2)\cdots(x-x_n)}{(x_i-x_1)(x_i-x_2)\cdots(x_i-x_n)} \tag{3.26}$$

で定義され，$n-1$ 階微分が可能である（$i\neq j$ であることに注意).

［例題 3.7］を解くためのプログラムを次に示す．

（プログラム 13）

```
      DIMENSION X(4), Y(4), A(4)
      DATA X/1., 2., 3., 4./
      DATA Y/2., 4., 4.8, 5./
      N=4                                            離散点数
      Z=2.3                                          変数値
      DO 10 I=1, N
          CALL NN(X, Y, A, I, N, Z)                  係数 Ni の計算
 10   CONTINUE                                       (x=2.3)
        ANS=0
        DO 20 J=1, N
          ANS=ANS+Y(J)*A(J)                          式 (3.20)
 20   CONTINUE
      WRITE(*, *) ANS                                出力
        STOP
        END
C
        SUBROUTINE NN (X, Y, A, I, N, Z)
        DIMENSION X(N), Y(N), A(N)
        A(I)=1.
        DO 40 K=1, N
          IF(K.EQ.I) GOTO 40                         条件 i≠j
          A(I)=A(I)*(Z-X(K))/(X(I)-X(K))             式 (3.22)
 40   CONTINUE
        RETURN
        END
```

［計算結果］ $f(2.3)=4.338700$

3.2.2 スプライン補間

ラグランジュ補間では補間関数を構成する関数に全ての離散点の効果が含まれる．したがって，離れた1箇所のデータの局所的変化が曲線全体に大きな影響を及ぼすことがある．n 個の離散点がある場合，小区間 $[x_i, x_{i+1}]$ に分け，小区間を比較的に低次の関数で近似し，しかも関数が隣接間で連続につながるように各区間を接続することが考えられる．これがスプライン補間である．そのためには各区間の接続点における1階以上の導関数が連続となるなどの各区間の接続点における拘束が課せられる．小区間に限定して近似関数を求める点では§3.1.1-b. テイラー級数を利用した近似で述べた補間法と似ている．

a. 1次関数による近似

2つの隣接する離散点間 $[x_i, x_{i+1}]$ を1次関数で近似する場合は折れ線近似と一致する．

1次関数では離散点における関数の連続性は保たれるが，1階の導関数は不連続(各区間ごとに値が異なる)となる．すなわち

近似関数　　；$y=f(x)=a_i x+b_i$ (a_i, b_i は定数)
1階の導関数；$f'(x)=a_i$ (折れ線の傾き)　　(3.27)
2階の導関数；$f''(x)=0$

これは折れ線近似である (p. 48 参照).

この様子を図3.8に示す．1階の微係数は不連続，階段状の関数となる．近似関数を求める場合には各区間の接続点における連続条件のみが課される．

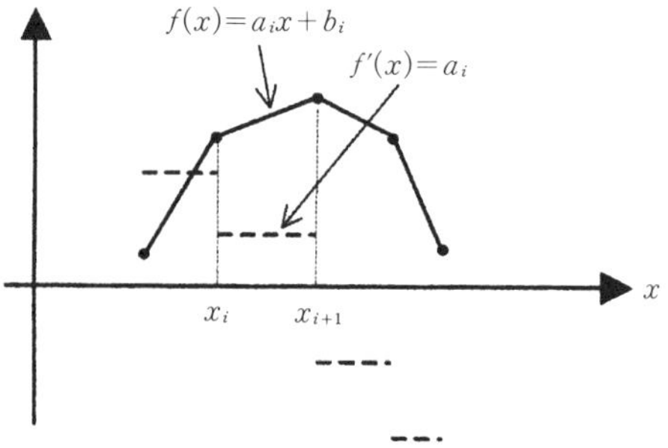

図 3.8 スプライン補間(1次関数近似)

2つの隣接区間 $[x_i, x_{i+1}]$, $[x_{i+1}, x_{i+2}]$ における近似関数をそれぞれ $y_i=f_i(x)$, $y_{i+1}=f_{i+1}(x)$ とすると，$x=x_{i+1}$ における関数の連続条件は

$$f_i(x_{i+1})=f_{i+1}(x_{i+1}) \qquad (i=1, n-1) \tag{3.28}$$

これは折れ線近似であり，スプライン関数固有の特徴ではないが，有限要素法(6章参照)では広く採用されている．

b. 2次関数による近似

表3.2の離散的データを2次のスプライン関数で近似することを考える．4つのデータ点[1〜4]に対して3つの区間[1, 2] [2, 3] [3, 4]がある．

2次関数が

区間[1, 2]で $y_1=f_1(x)=a_1x^2+b_1x+c_1$ で与えられるものとしよう．したがって

$$f_1'(x)=2a_1x+b_1$$

区間[2, 3]では $y_2=f_2(x)=a_2x^2+b_2x+c_2$ (3.29)

$$f_2'(x)=2a_2x+b_2$$

区間[3, 4]では $y_3=f_3(x)=a_3x^2+b_3x+c_3$

$$f_3'(x)=2a_3x+b_3$$

各関数の係数は接合点での連続の条件(関数の連続，導関数の連続)から決定されるべきものである．未定係数は9個ある．

表3.2から，区間の接続点における連続条件から8つの条件が与えられる．関数については

$$\left.\begin{aligned} &f_1(1)=2\\ &f_1(2)=4=f_2(2)\\ &f_2(3)=4.8=f_3(3)\\ &f_4(4)=5 \end{aligned}\right\} \tag{3.30}$$

1階の微係数については

$$\left.\begin{aligned} &f_1'(2)=f_2'(2)\\ &f_2'(3)=f_3'(3) \end{aligned}\right\} \tag{3.31}$$

したがって

$$\left.\begin{aligned}&a_1+b_1+c_1=2\\&4a_1+2b_1+c_1=4\\&4a_2+2b_2+c_2=4\\&9a_2+3b_2+c_2=4.8\\&9a_3+3b_3+c_3=4.8\\&16a_3+4b_3+c_3=5\\&4a_1+b_1=4a_2+b_2\\&6a_2+b_2=6a_3+b_3\end{aligned}\right\}\tag{3.32}$$

8個の式に対して未知数が9個あるので条件が1個足りない．そこで経験的・思考的知見をもとに，近似関数に何らかの条件を付加する．例えば，未知数の1つを規定($c_3=0$)したり，1階または2階の微係数を関数端で拘束(例えば $f_3'(4)=0$)する．付加した条件はもちろん関数に影響することになる．スプライン関数による近似にはこのような経験的知恵“さじ加減”が必要である．

ここでは端点の傾きがゼロであるような拘束を加えるものとしよう．すなわち，一端で1階の微係数がゼロとする．

$$f_3'(4)=0\tag{3.33}$$

すなわち

$$8a_3+b_3=0\tag{3.34}$$

を追加する．そうすれば，式(3.32)は一義的に解かれることになる．

式(3.32)，式(3.34)を解けば

$$\begin{aligned}&a_1=-0.8,\ b_1=4.4,\ c_1=-1.6\\&a_2=-0.4,\ b_2=2.8,\ c_2=0\\&a_3=-0.2,\ b_3=1.6,\ c_3=1.8\end{aligned}\tag{3.35}$$

を得る．

したがって，近似関数は

$$\begin{aligned}&\text{区間 }[1,2]\text{ で } f_1(x)=-0.8x^2+4.4x-1.6\\&\text{区間 }[2,3]\text{ で } f_2(x)=-0.4x^2+2.8x\\&\text{区間 }[3,4]\text{ で } f_3(x)=-0.2x^2+1.6x+1.8\end{aligned}\tag{3.36}$$

$x=2.3$ における関数値を求めれば

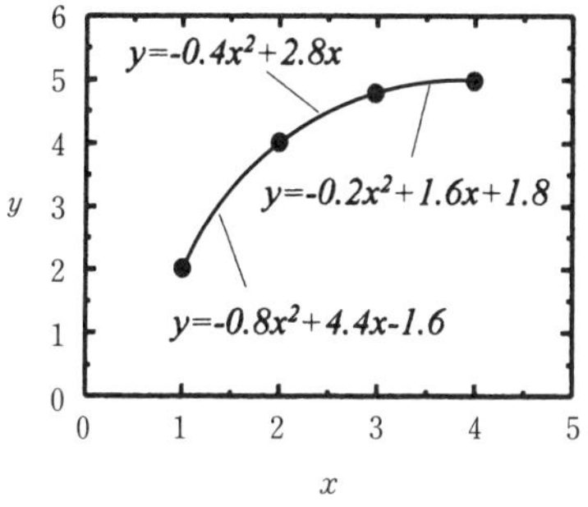

図 3.9 スプライン補間 (2 次関数)

$$f_2(2.3) = -0.4 \times 2.3^2 + 2.8 \times 2.3$$
$$= 4.324 \qquad (3.37)$$

となる.

得られた 2 次のスプライン関数を図 3.9 に示す. データ間がなめらかに補間, 接続されている様子がわかる. $x=2$ における左右の接線の傾きを求めると, 式 (3.29) より

$$\left.\begin{aligned} f_1'(2) &= -1.6 \times 2 + 4.4 = 1.2 \\ f_2'(2) &= -0.8 \times 2 + 2.8 = 1.2 \end{aligned}\right\} \qquad (3.38)$$

と同一になっている.

一般に, 区間 $[x_i, x_{i+1}]$, $(i=1, n-1)$ で関数が 1 階の導関数まで連続性が保たれるようにするには関数を 2 次関数で近似すればよい. すなわち,

近似関数 ; $y_i = f_i(x) = a_i x^2 + b_i x + c_i$ (a_i, b_i, c_i は定数)

1 階の導関数 ; $f_i'(x) = 2a_i x + b_i$ (接線の傾き)

2 階の導関数 ; $f_i''(x) = 2a_i$ (3.39)

(接線の傾きの変化率, 2 階の導関数はそれぞれの区間で一定, 接続点で不連続である)

3 階の導関数 ; $f_i'''(x) = 0$

図 3.9 に示すように対象区間内を 2 次関数で近似すると, 隣接区間との接続がよりなめらかになる. この場合, 1 階の導関数は折れ線に, 2 階の導関数は階段状の関数になる (図 3.10).

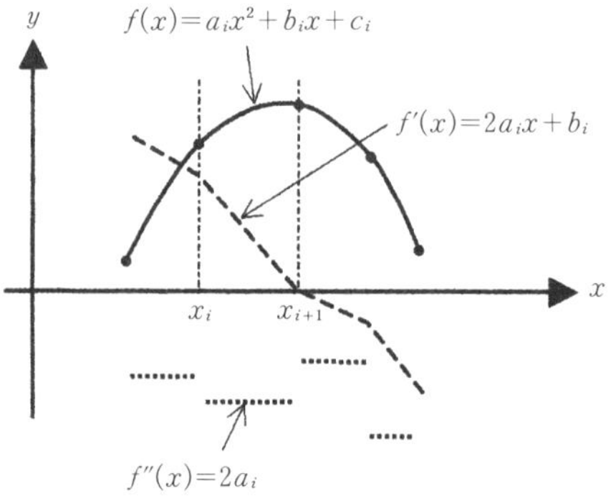

図 3.10　スプライン補間（2次関数近似）

2つの区間 $[x_i, x_{i+1}]$，$[x_{i+1}, x_{i+2}]$ における近似関数をそれぞれ $y_i=f_i(x)$，$y_{i+1}=f_{i+1}(x)$ とすると，

$x=x_{i+1}$ における連続条件として

$$f_i(x_{i+1})=f_{i+1}(x_{i+1})\quad(\text{関数})\quad(i=1, n-1) \tag{3.40}$$

$$f_i'(x_{i+1})=f_{i+1}'(x_{i+1})\quad(1\text{階の導関数})\quad(i=1, n-1) \tag{3.41}$$

が課せられる．

2次関数の未定係数は全部で $3n$ 個であるのに対し，$2n$ 個の関数値と $n-1$ 個の1階導関数の連続条件が与えられる（全部で $3n-1$ 個）．

これだけの条件では近似関数が一義的に決定されないため，前述したような何らかの条件，例えば

$$f_i(x_{i+1})=c_1 \tag{3.42}$$

または

$$f_i'(x_{i+1})=c_2 \tag{3.43}$$

を付加する．

c．3次関数による近似

区間 $[x_i, x_{i+1}]$，$(i=1, n)$ を2階の導関数まで連続であるような3次関数で近似する．この場合，3階の導関数は接合点で不連続である．

3次関数で近似した場合は2次関数より近似関数はさらになめらかになることが期待される．近似関数の1階の導関数は2次関数，2階の導関数は折れ線，3

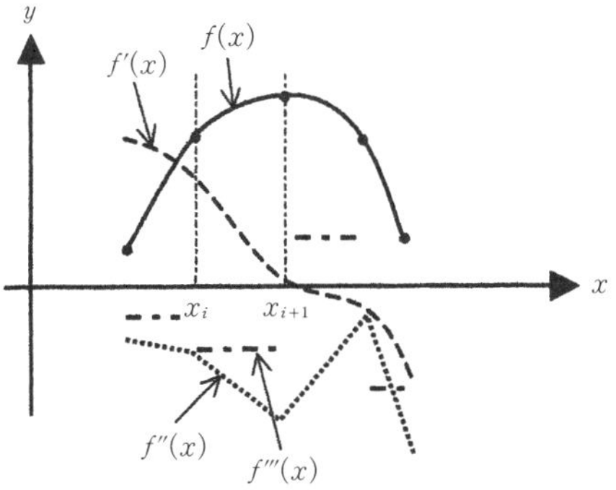

図 3.11 スプライン補間 (3 次関数)

階の導関数は階段状関数になる (図 3.11).

2 つの区間 $[x_i, x_{i+1}]$, $[x_{i+1}, x_{i+2}]$ における近似関数をそれぞれ $y_i=f_i(x)$, $y_{i+1}=f_{i+1}(x)$ とすると,

$x=x_{i+1}$ における関数の連続条件は

$$f_i(x_{i+1})=f_{i+1}(x_{i+1}) \qquad (i=1, n-1) \tag{3.44}$$

1 階の導関数の連続条件は

$$f_i'(x_{i+1})=f_{i+1}'(x_{i+1}) \qquad (i=1, n-1) \tag{3.45}$$

2 階の導関数の連続条件は

$$f_i''(x_{i+1})=f_{i+1}''(x_{i+1}) \qquad (i=1, n-1) \tag{3.46}$$

近似関数を求めるには 3 次関数の $4n$ 個の未定係数を求める必要があるが, $2n$ 個の関数値と $2(n-1)$ 個の連続の条件を合わせても式の数が 2 個足りない. したがって, 係数を一義的に決めるには, 2 次関数近似の場合と同様に, 取り扱う問題に応じて適当な条件を付加する必要がある. 通常は両端 (2 箇所) の 1 階または 2 階微係数について条件を加える.

3 次以上の近似関数では多くの未知数 (係数) を求めなければならないため, 解かなければならない連立方程式の次数が大きくなる. したがって, これについても数値的に解いて近似関数の係数を決定することになる (連立方程式の解法については次章参照).

3 次スプライン補間の一般的な求め方は以下のとおりである.

複数の離散点 $x_i (i=1\sim n, x_1<x_2<\cdots<x_{n+1})$ に対して関数値 $y_i=f(x_i)$ が与えられているとき，区間 $[x_1, x_{n+1}]$ を n 個の小区間 $[x_i, x_{i+1}]$ $(i=1, 2, \cdots, n)$ に分ける．各区間で端点を通る3次関数を $S_i(x)$ とする．ただし，関数 $S_i(x)$ の1階と2階の導関数は全区間 $[x_1, x_{n+1}]$ (1区間の長さは $h_i=x_{i+1}-x_i$) で連続である．

x_i における $S_i(x)$ の2階の導関数を N_i とし，連続な2階の導関数 $S_i''(x)$ を1次関数で近似する．すなわち

$$S_i''(x)=N_i\frac{x_{i+1}-x}{h_i}+N_{i+1}\frac{x-x_i}{h_i} \qquad (i=1, 2, \cdots, n) \tag{3.47}$$

関数 $S_i''(x)$ を x について2回積分すると

$$S_i'(x)=N_i\left(\frac{x_{i+1}x}{h_i}-\frac{x^2}{2h_i}\right)+N_{i+1}\left(\frac{x^2}{2h_i}-x_i x\right)+C_1 \tag{3.48}$$

$$S_i(x)=N_i\left(\frac{x_{i+1}x^2}{2h_i}-\frac{x^3}{6h_i}\right)+N_{i+1}\left(\frac{x^3}{6h_i}-\frac{x_i x^2}{2h_i}\right)+C_1x+C_2 \tag{3.49}$$

ここで，積分定数 C_1, C_2 を，$S_i(x_i)=y_i, S_i(x_{i+1})=y_{i+1}$ から求めれば，式(3.48), (3.49)は

$$S_i'(x)=N_i\left\{-\frac{(x_{i+1}-x)^2}{2h_i}+\frac{h_i}{6}\right\}+N_{i+1}\left\{-\frac{(x-x_i)^2}{2h_i}-\frac{h_i}{6}\right\}+\frac{y_{i+1}-y_i}{h_i} \tag{3.50}$$

$$S_i(x)=N_i\left\{\frac{(x-x_{i+1})^3}{6h_i}+\frac{x-x_{i+1}}{6}h_i\right\}+N_{i+1}\left\{\frac{(x-x_i)^3}{6h_i}-\frac{x-x_i}{6}h_i\right\} \tag{3.51}$$

$$+\frac{x-x_{i+1}}{h_i}y_i+\frac{x-x_{i+1}}{h_i}y_i+y_{i+1}$$

となる．関数 $S_i(x)$ は両端点を通る．これらの関係はすべての区間について成立する．式(3.50)において両端点の左方向導関数と右方向導関数を等しいとおけば，$n+1$ 個の未知係数 N_i に関する $n-1$ 元の連立方程式

$$\frac{h_{i-1}}{6}N_{i-1}-\frac{h_{i-1}+h_i}{6}N_i+\frac{h_i}{6}N_{i+1}=\frac{y_{i+1}-y_i}{h_i}-\frac{y_i-y_{i-1}}{h_{i-1}} \qquad (i=2, 3, \cdots, n) \tag{3.52}$$

を得る．N_i を求めるには式が2個足りない．関数の両端 $x=x_1, x_{n+1}$ における2階の導関数 N_1, N_{n+1} を例えば次のように拘束する．

$$\left.\begin{aligned} N_1&=0 \\ N_{n+1}&=0 \end{aligned}\right\} \tag{3.53}$$

朝倉書店

〒162-8707 東京都新宿区新小川町6-29
電話　直通（03）3260-7631　FAX（03）3260-0180
http://www.asakura.co.jp　eigyo@asakura.co.jp

これは両端において関数 $S(x)$ の変化がゼロであることに対応する．これを自然スプラインという．

式(3.53)のもとで式(3.52)を解いて未知数 N_i を求め，式(3.51)に N_i を代入すれば各区間の近似関数 $S(x)$ が得られる．

3次スプライン補間のプログラムは紙面の都合で割愛する．詳細は巻末の参考文献[23]を参照してほしい．

3.2.3 最小2乗法

前述した折れ線近似，テイラー級数による内挿やスプライン補間では，近似関数が全ての離散点を通ることを前提としている．これは1つの拘束である．この拘束を満たすために図3.12(a)のように関数が区間内で大きく“あばれる”可能性があり，内挿が必ずしも最良であるかは疑わしいと考えられる．離散点全てを通る条件をゆるめて，これらの点に“最も近い”関数を求めることができればさらになめらかな，全体として近似度の高い近似関数の得られることが期待できる．特に離散点が計測値であるような場合には誤差を含むため，計測点を必ず通るという条件には必然性がない．全体としてどの点でも真値に近い近似関数を求める手法に**最小2乗法**がある．ある範囲の誤差を許し誤差範囲内に入る近似関数を求める手法といえる．これを模式的に図3.12(b)に示す．しかし，これらの範囲を通る関数は無数に存在するため，何らかの条件を加えて近似関数を決定する必要がある．最小2乗法では距離(誤差)の大きさの総和が最小となる関数を求めようとするものである．

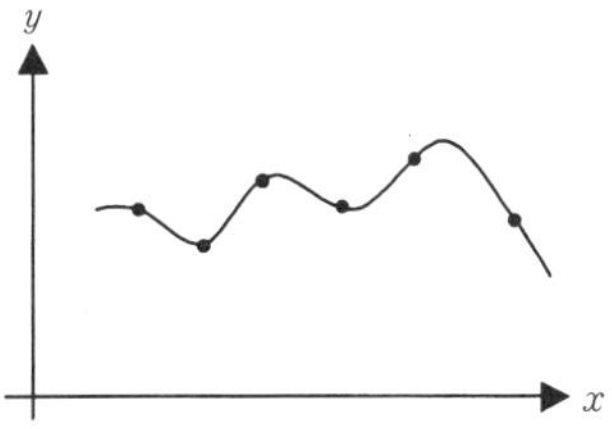

(a) 離散点を通る多項式

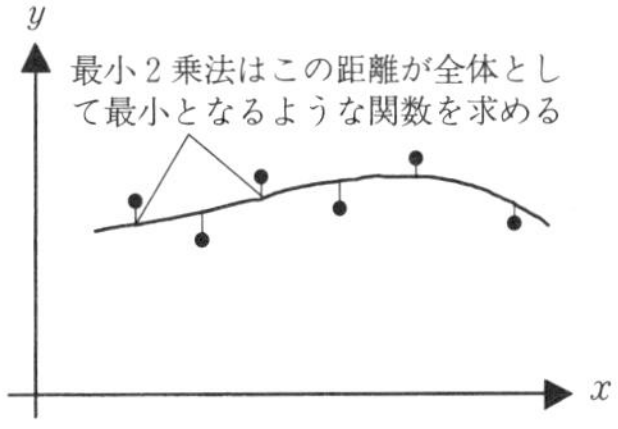

(b) 離散点を通らない多項式

図3.12 最小2乗法による補間

次に同一の離散点に対して，最小２乗法の近似関数の次数を変えて関数を近似してみよう．

a. 1次関数による近似

表3.2のデータを1次関数で近似するものとして，係数を最小２乗法で求めてみよう．

データを次のような1次関数にあてはめる．

$$y=f(x)=ax+b \tag{3.54}$$

ここで，a, b は決定されるべき未知係数である．ここで，変数 x_k における関数値 y_k と式(3.54)による近似値 $f(x_k)$ の差の２乗和

$$\varepsilon=\sum_{k=1}^{4}(y_k-ax_k-b)^2 \tag{3.55}$$

を考える．これを展開すれば a, b に関する２次式となる．残差の２乗和 ε を最小化するには，図3.13(a),(b)に示すように未知数 a, b それぞれに関して ε の極小点を求めればよい．すなわち

$$\left.\begin{aligned}\frac{\partial\varepsilon}{\partial a}=0\\ \frac{\partial\varepsilon}{\partial b}=0\end{aligned}\right\}\text{式(3.55)より}\quad\left.\begin{aligned}\frac{\partial\varepsilon}{\partial a}&=\sum_{k=1}^{4}-2x_k(y_k-ax_k-b)=0\\ \frac{\partial\varepsilon}{\partial b}&=\sum_{k=1}^{4}-2(y_k-ax_k-b)=0\end{aligned}\right\} \tag{3.56}$$

これを同時に満足させることは全微分と類似であり，ε の変分 $\delta\varepsilon=0$ に対応するものである．

(3.56)は，したがって

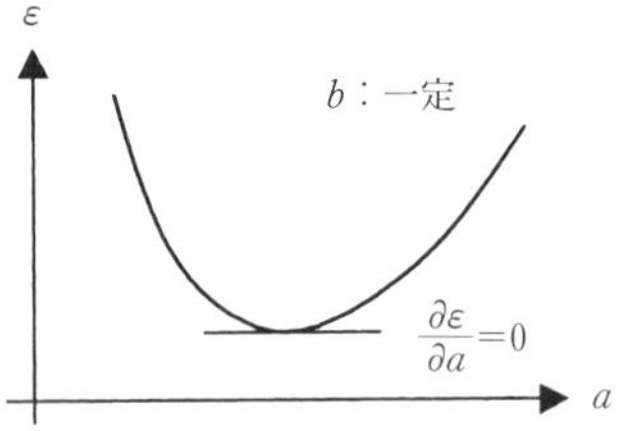

(a) 係数 a についての ε の変化を最小化

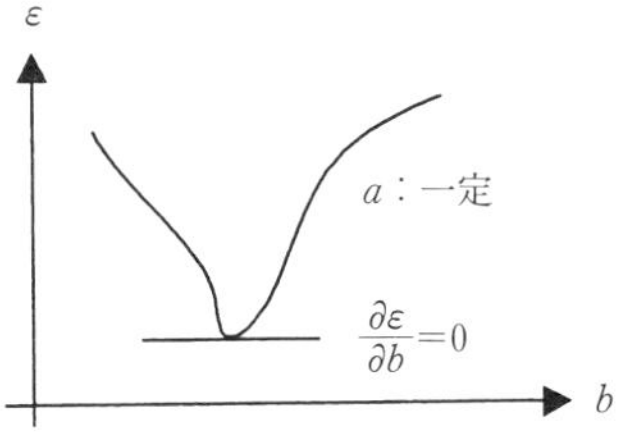

(b) 係数 b についての ε の変化を最小化

図3.13　残差の２乗和 ε の最小化

$$\left.\begin{aligned}\left(\sum_{k=1}^{4}x_k^2\right)a+\left(\sum_{k=1}^{4}x_k\right)b&=\sum_{k=1}^{4}x_ky_k\\\left(\sum_{k=1}^{4}x_k\right)a+4b&=\sum_{k=1}^{4}y_k\end{aligned}\right\}\tag{3.57}$$

[例題 3.8] 表 3.2 の離散データについて，一次関数近似による最小 2 乗法で $x=2.3$ における関数値を求めてみよう．

式 (3.57) に数値を代入すれば

$$\left.\begin{aligned}30a+10b&=44.4\\10a+4b&=15.8\end{aligned}\right\}\tag{3.58}$$

これを解いて

$$\left.\begin{aligned}a&=0.980\\b&=1.500\end{aligned}\right\}\tag{3.59}$$

したがって，近似式は

$$f(x)=0.980x+1.500\tag{3.60}$$

$x=2.3$ における関数値は

$$f(2.3)=3.754\tag{3.61}$$

図 3.14 にデータ点とあてはめられた近似関数を示す．各離散点は誤差がほぼ平均化されるように直線近似されている．この近似関数が全ての点について本当に誤差の範囲内にあるかどうかは別途検討する必要がある．

b. 2 次関数による近似

表 3.2 のデータを 2 次関数で近似し，係数を最小 2 乗法で求める．

未知係数を a, b, c として 2 次関数は

$$y=f(x)=ax^2+bx+c\tag{3.62}$$

で与えられる．したがって，残差 2 乗和は

$$\varepsilon=\sum_{k=1}^{4}(y_k-ax_k^2-bx_k-c)^2\tag{3.63}$$

である．未知係数 a, b, c それぞれに関して残差 2 乗和 ε を最小化する．すなわち

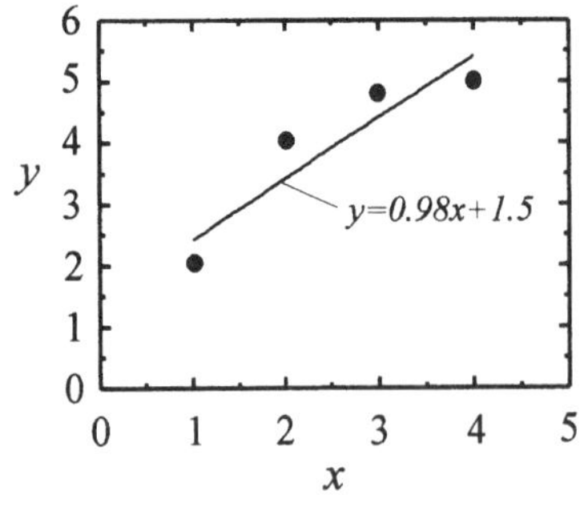

図 3.14　最小 2 乗法による近似（1 次関数のあてはめ）

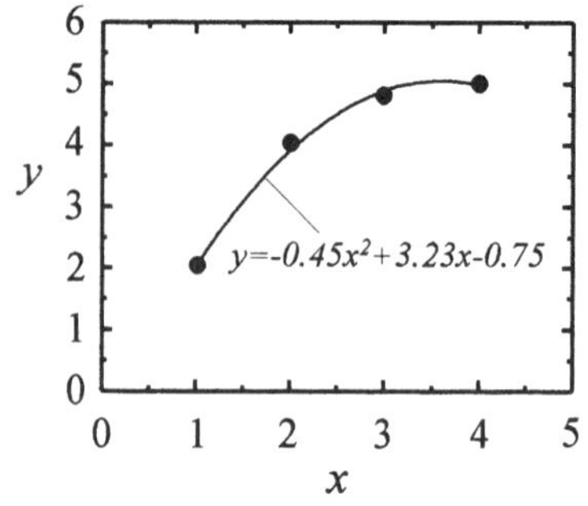

図 3.15　最小 2 乗法による近似（2 次関数のあてはめ）

$$\left.\begin{aligned}\frac{\partial\varepsilon}{\partial a}=0\\ \frac{\partial\varepsilon}{\partial b}=0\\ \frac{\partial\varepsilon}{\partial c}=0\end{aligned}\right\}\text{式 (3.63) より}\ \left.\begin{aligned}\frac{\partial\varepsilon}{\partial a}&=\sum_{k=1}^{4}-2x_k^2(y_k-ax_k^2-bx_k-c)=0\\ \frac{\partial\varepsilon}{\partial b}&=\sum_{k=1}^{4}-2x_k(y_k-ax_k^2-bx_k-c)=0\\ \frac{\partial\varepsilon}{\partial c}&=\sum_{k=1}^{4}-2(y_k-ax_k^2-bx_k-c)=0\end{aligned}\right\}\tag{3.64}$$

したがって

$$\left.\begin{aligned}\left(\sum_{k=1}^{4}x_k^4\right)a+\left(\sum_{k=1}^{4}x_k^3\right)b+\left(\sum_{k=1}^{4}x_k^2\right)c&=\sum_{k=1}^{4}x_k^2y_k\\ \left(\sum_{k=1}^{4}x_k^3\right)a+\left(\sum_{k=1}^{4}x_k^2\right)b+\left(\sum_{k=1}^{4}x_k\right)c&=\sum_{k=1}^{4}x_ky_k\\ \left(\sum_{k=1}^{4}x_k^2\right)a+\left(\sum_{k=1}^{4}x_k\right)b+4c&=\sum_{k=1}^{4}y_k\end{aligned}\right\}\tag{3.65}$$

［例題 3.9］　2 次関数近似の最小 2 乗法で $x=2.3$ における関数値を求めてみよう．

式 (3.65) に数値を代入すれば

$$\left.\begin{aligned}354a+100b+30c&=141.2\\ 100a+30b+10c&=44.4\\ 30a+10b+4c&=15.8\end{aligned}\right\}\tag{3.66}$$

これを解いて

$$\left.\begin{aligned} a&=-0.45 \\ b&=3.23 \\ c&=-0.75 \end{aligned}\right\} \qquad (3.67)$$

を得る．したがって，近似式は

$$f(x)=-0.45x^2+3.23x-0.75 \qquad (3.68)$$

となる．$x=2.3$ における関数値を求めてみると

$$f(2.3)=4.2985 \qquad (3.69)$$

データ点とあてはめた近似関数の関係を図 3.15 に示す．近似関数は 1 次関数近似 (図 3.14) の場合より離散点のより近傍 (ほとんど一致) を通ることがわかる．関数は 2 次のスプライン関数の場合 (図 3.9) に近いが，この場合，端の条件を与えていないので $x=4$ における接線の傾きがゼロではない (スプラインでは 1 階の導関数値ゼロ)．スプライン補間では各区間に 2 次関数があてはめられるのに対して，ここでは全体に 2 次関数があてはめられている．

一般に最小 2 乗法では，連続な近似関数が n 次多項式で表されるものとする．次式で表される残差 2 乗和 ε

$$\varepsilon=\sum_{i=1}^{n}(y_i-f(x_i))^2 \qquad (3.70)$$

を最小化する条件下に近似関数 $y=f(x)$ を決める．ここで，n は離散点数，y_i と $f(x_i)$ はそれぞれ x_i における (例えば計測された) 関数値と近似関数値である．残差 2 乗和の最小化は各離散点と近似関数値の差を平均的に最小化することに対応する．

最小 2 乗法でもラグランジュ補間，スプライン補間と同様に，近似する多項式の次数をあらかじめ設定する必要がある．

最小 2 乗法のプログラムは式 (3.70) から連立代数方程式を導いて，連立方程式を解くという手続きをとる．

巻末の参考文献[17] に多くのサブルーチンが用意されているので，興味のある諸君は参考にしていただくとよい．

演習問題

3.1　表 3.2 の離散データの一部を変えて ($f(1)=3$)，$x=3.5$ における関数値を求めなさい．

a）折れ線近似で関数を補間した場合，

b）テイラー級数近似で関数を補間した場合，

c）3 次のラグランジュ補間で近似関数を求めた場合，

d）2 次の最小 2 乗法で近似関数を求めた場合．

3.2　表 3.2 の離散データを 2 次のスプライン関数で近似し，$x=3.5$ における関数値を求めなさい．ただし，端点の 1 階の微係数がゼロ ($f'(1)=0$) であるものとする．

Tea Time

外挿と将来の予測

内挿は 2 点の間の値を推測するのであるから，これらをつなぐ関数がなめらかで値がその間の平均的なものであれば大きな間違いを起こすことは少ない．それに対して外挿は，一端が与えられているだけでその外側の値を推定するものである．これはいわば独立変数を時間と考えれば，これまでの過去の振る舞いから未来を推測するわけで，近未来であればまだしも，遠い未来となればどうなるのか見当もつかない．

筆者らは毎年たくさんの卒業生を社会に送り出しているわけであるが，成績の悪い奴ほど出世するといわれるほど，学生諸君の将来を占うのはむずかしい．

考えてみれば現在のコンピュータが開発されたきっかけは，砲弾の着地点を計算によって予測するためだったと聞く．砲弾の砲身内の運動と出発点は上の関数端に相当するであろうが，発射後はこの場合，重力場としての空間と弾丸の運動方程式が与えられているのであるから，この方がずっとやさしいわけである．

4 連立代数方程式の解法

前章の“曲線のあてはめ”で係数を求めるためには，連立代数方程式を解かなければならない．また，次の5，6章に示すように，差分近似などによる微分方程式の解法は連立代数方程式を解くことに帰着する．構造解析，回路網解析などでは演算子法などにより，支配方程式，運動方程式などの微分方程式を経ないで直接，連立代数方程式が導出されることもある．連立代数方程式がごく低次元の場合は求解が容易であるが，多くは未知数が多数の多次元連立代数方程式を解くことが要求され，数値解法に頼ることになる．

効率的に代数方程式を解く方法については多くの技法が提案されている．本節では多次元の連立代数方程式を簡潔に記述するためにまず行列 (マトリクス) を導入し，その特徴とマトリクスによる連立代数方程式の表現について触れる．次に連立代数方程式の代表的な数値解法であるガウスの消去法とガウス・ザイデル法について述べる．

4.1 行列と行列演算

4.1.1 行列 (マトリクス)

行列 (マトリクス) $\boldsymbol{A}$ は次に示すように，数字を縦 (列)，横 (行) に規則的に並べたものである．

$$\boldsymbol{A}=\begin{bmatrix} 3 & 1 & -4 & 8 & 2 \\ 0 & 9 & 6 & -3 & 5 \\ -2 & 7 & -8 & 0 & 4 \\ -7 & 0 & -1 & 9 & -5 \end{bmatrix} \tag{4.1}$$

マトリクスの大きさは行数と列数で表される．上の例は大きさが 4(行)×5(列)である．行列の i 行，j 列にある数字を**要素**または**成分**と呼び，a_{ij} と表記する．この場合，例えば $a_{24}=-3$ である．

大きさ $m\times n$ のマトリクス $\boldsymbol{B}$ の行と列を入れ替えたマトリクス $\boldsymbol{B}^T$ を**転置マトリクス**という．

例えば

$$\boldsymbol{B}=\begin{bmatrix} 3 & 1 \\ 0 & 9 \\ -2 & 7 \end{bmatrix} \tag{4.2}$$

$$\boldsymbol{B}^T=\begin{bmatrix} 3 & 0 & -2 \\ 1 & 9 & 7 \end{bmatrix} \tag{4.3}$$

列数が 1 であるものを**列ベクトル** (式 (4.4))，行数が 1 であるものを**行ベクトル** (式 (4.5)) という．

$$\boldsymbol{C}=\begin{bmatrix} 1 \\ 9 \\ 7 \\ 0 \end{bmatrix} \tag{4.4}$$

$$\boldsymbol{C}^T=[1 \quad 9 \quad 7 \quad 0]^T \tag{4.5}$$

$$\boldsymbol{D}=[-2 \quad 7 \quad -8 \quad 0 \quad 4]$$

正方マトリクスは行数と列数が等しい．大きさが 4×4 の正方マトリクスは

$$\boldsymbol{A}=\begin{bmatrix} a_{11} & a_{12} & a_{13} & a_{14} \\ a_{21} & a_{22} & a_{23} & a_{24} \\ a_{31} & a_{32} & a_{33} & a_{34} \\ a_{41} & a_{42} & a_{43} & a_{44} \end{bmatrix} \tag{4.6}$$

である．ここで，要素 a_{ii} $(a_{11}, a_{22}, a_{33}, a_{44})$ を**主対角要素**という．

正方マトリクスにはいくつかの種類と性質がある．式 (4.6) で $a_{ij}=a_{ji}$ であれば，これは**対称マトリクス**と呼ばれ $\boldsymbol{A}=\boldsymbol{A}^T$ となる．**上三角マトリクス**は対角要素より下の要素 (成分) が全てゼロ (式 (4.7))，**下三角マトリクス**は対角要素より上の要素が全てゼロ (式 (4.8)) であるマトリクスである．

$$\boldsymbol{A}=\begin{bmatrix} a_{11} & a_{12} & a_{13} & a_{14} \\ & a_{22} & a_{23} & a_{24} \\ & & a_{33} & a_{34} \\ & & & a_{44} \end{bmatrix} \tag{4.7}$$

$$\boldsymbol{A}=\begin{bmatrix} a_{11} & & & \\ a_{21} & a_{22} & & \\ a_{31} & a_{32} & a_{33} & \\ a_{41} & a_{42} & a_{43} & a_{44} \end{bmatrix} \tag{4.8}$$

ただし，ゼロである要素を空白で示した．

主対角要素が全て 1 で，それ以外の要素がゼロであるマトリクスを**単位マトリクス**という．

$$\boldsymbol{I}=\begin{bmatrix} 1 & & & \\ & 1 & & \\ & & 1 & \\ & & & 1 \end{bmatrix} \tag{4.9}$$

主対角線を中心とする帯状の要素以外は全てゼロであるものを**バンドマトリクス**という．

$$\boldsymbol{A}=\begin{bmatrix} a_{11} & a_{12} & & \\ a_{21} & a_{22} & a_{23} & \\ & a_{32} & a_{33} & a_{34} \\ & & a_{43} & a_{44} \end{bmatrix} \tag{4.10}$$

上はバンド幅 3 のバンドマトリクスである．バンドマトリクスではゼロ要素を省略して，例えば式 (4.10) では 3 (バンド幅)×4(列数) の形で記憶すれば，記憶領域が節約できる．

4.1.2　行列の演算

a.　加減算

2つのマトリクス間の加減算は同一位置の要素をそれぞれ加減算する．したがって，2つのマトリクスは同一の大きさでなければならない．

［例題 4.1］　次のマトリクス $\boldsymbol{A}$ と $\boldsymbol{B}$ の和 $\boldsymbol{S}$ を求めてみよう．

$$\boldsymbol{A}=\begin{bmatrix} 3 & 1 & -4 \\ 0 & 9 & 6 \\ -2 & 7 & -8 \end{bmatrix} \qquad \boldsymbol{B}=\begin{bmatrix} 6 & -3 & 5 \\ -8 & 0 & 4 \\ -1 & 9 & -5 \end{bmatrix} \tag{4.11}$$

$$\begin{aligned} \boldsymbol{S}&=\boldsymbol{A}+\boldsymbol{B} \\ &=\begin{bmatrix} 3 & 1 & -4 \\ 0 & 9 & 6 \\ -2 & 7 & -8 \end{bmatrix}+\begin{bmatrix} 6 & -3 & 5 \\ -8 & 0 & 4 \\ -1 & 9 & -5 \end{bmatrix} \\ &=\begin{bmatrix} 3+6 & 1+(-3) & -4+5 \\ 0+(-8) & 9+0 & 6+4 \\ -2+(-1) & 7+9 & -8+(-5) \end{bmatrix} \\ &=\begin{bmatrix} 9 & -2 & 1 \\ -8 & 9 & 10 \\ -3 & 16 & -13 \end{bmatrix} \end{aligned} \tag{4.12}$$

一般にマトリクス $\boldsymbol{A}(l\times m)$ とマトリクス $\boldsymbol{B}(l\times m)$ の加算

$$\begin{aligned} \boldsymbol{S}&=\boldsymbol{A}+\boldsymbol{B} \\ &=\begin{bmatrix} a_{11} & a_{12} & \cdots & a_{1m} \\ a_{21} & a_{22} & \cdots & a_{2m} \\ & \vdots & & \\ a_{l1} & a_{l2} & \cdots & a_{lm} \end{bmatrix}+\begin{bmatrix} b_{11} & b_{12} & \cdots & b_{1m} \\ b_{21} & b_{22} & \cdots & b_{2m} \\ & \vdots & & \\ b_{l1} & b_{l2} & \cdots & b_{lm} \end{bmatrix} \end{aligned}$$

$$=\begin{bmatrix} a_{11}+b_{11} & a_{12}+b_{12} & \cdots & a_{1m}+b_{1m} \\ a_{21}+b_{21} & a_{22}+b_{22} & \cdots & a_{2m}+b_{2m} \\ & & \vdots & \\ a_{l1}+b_{l1} & a_{l2}+b_{l2} & \cdots & a_{lm}+b_{lm} \end{bmatrix} \tag{4.13}$$

$$=\begin{bmatrix} s_{11} & s_{12} & \cdots & s_{1m} \\ s_{21} & s_{22} & \cdots & s_{2m} \\ & \vdots & & \\ s_{l1} & s_{l2} & \cdots & s_{lm} \end{bmatrix}$$

すなわち，それぞれ相対する要素(成分)について

$$s_{ij}=a_{ij}+b_{ij} \qquad (i=1,\ l,\ j=1,\ m) \tag{4.14}$$

加算の順序を入れ替えても結果は同じである．減算の場合はマトリクス要素の符号を負とし加算する．

$$\begin{aligned} \boldsymbol{A}+\boldsymbol{B}&=\boldsymbol{B}+\boldsymbol{A} \\ \boldsymbol{A}-\boldsymbol{B}&=-\boldsymbol{B}+\boldsymbol{A} \end{aligned} \tag{4.15}$$

b.　乗　算

マトリクス間の乗(掛)算は多少複雑な手続きが必要である．

[例題 4.2]　次のマトリクス $\boldsymbol{C}(2\times3)$ と $\boldsymbol{D}(3\times2)$ の積 $\boldsymbol{T}$ を計算してみよう．

$$\boldsymbol{C}=\begin{bmatrix} 3 & 1 & -4 \\ 0 & 9 & 4 \end{bmatrix} \quad \boldsymbol{D}=\begin{bmatrix} 8 & 2 \\ -3 & 5 \\ 0 & 4 \end{bmatrix} \tag{4.16}$$

$$\begin{aligned} \boldsymbol{T}&=\boldsymbol{CD} \\ &=\begin{bmatrix} 3 & 1 & -4 \\ 0 & 9 & 6 \end{bmatrix}\begin{bmatrix} 8 & 2 \\ -3 & 5 \\ 0 & 4 \end{bmatrix} \\ &=\begin{bmatrix} 3\times8+1\times(-3)+(-4)\times0 & 3\times2+1\times5+(-4)\times4 \\ 0\times8+9\times(-3)+6\times0 & 0\times2+9\times5+6\times4 \end{bmatrix} \end{aligned} \tag{4.17}$$

$$=\begin{bmatrix} 21 & -5 \\ -27 & 69 \end{bmatrix}$$

である.

一般にマトリクス $\boldsymbol{C}(l\times m)$ とマトリクス $\boldsymbol{D}(m\times n)$ との乗算は次のとおりである.

$$\begin{aligned}\boldsymbol{T}&=\boldsymbol{C}\boldsymbol{D}\\ &=\begin{bmatrix} c_{11} & c_{12} & \cdots & c_{1m} \\ c_{21} & c_{22} & \cdots & c_{2m} \\ & & \vdots & \\ c_{l1} & c_{l2} & \cdots & c_{lm}\end{bmatrix}\begin{bmatrix} d_{11} & d_{12} & \cdots & d_{1n} \\ d_{21} & d_{22} & \cdots & d_{2n} \\ & & \vdots & \\ d_{m1} & d_{m2} & \cdots & d_{mn}\end{bmatrix}\\ &=\begin{bmatrix} \sum_{k=1}^{m} c_{1k}d_{k1} & \sum_{k=1}^{m} c_{1k}d_{k2} & \cdots & \sum_{k=1}^{m} c_{1k}d_{kn} \\ \sum_{k=1}^{m} c_{2k}d_{k1} & \sum_{k=1}^{m} c_{2k}d_{k2} & \cdots & \sum_{k=1}^{m} c_{2k}d_{kn} \\ & & \vdots & \\ \sum_{k=1}^{m} c_{lk}d_{k1} & \sum_{k=1}^{m} c_{lk}d_{k2} & \cdots & \sum_{k=1}^{m} c_{lk}d_{kn}\end{bmatrix}\\ &=\begin{bmatrix} t_{11} & t_{12} & \cdots & t_{1n} \\ t_{21} & t_{22} & \cdots & t_{2n} \\ & & \vdots & \\ t_{l1} & t_{l2} & \cdots & t_{ln}\end{bmatrix}\end{aligned} \tag{4.18}$$

マトリクスの各要素について

$$t_{ij}=\sum_{k=1}^{m} c_{ik}\times d_{kj} \tag{4.19}$$

ここで，m はマトリクス $\boldsymbol{C}$ の列数，マトリクス $\boldsymbol{D}$ の行数を示す．乗算が可能であるためには，マトリクス $\boldsymbol{C}$ の列数とマトリクス $\boldsymbol{D}$ の行数が一致していなければならない．したがって乗算の結果，得られるマトリクス $\boldsymbol{T}$ の大きさは ($\boldsymbol{C}$ の行数)×($\boldsymbol{D}$ の列数) である．

したがって，乗算では掛け算の順序は重要で，一般に

$$\boldsymbol{AB} \neq \boldsymbol{BA} \tag{4.20}$$

正方マトリクスを $\boldsymbol{A}$，単位マトリクスを $\boldsymbol{I}$ とすると

$$\boldsymbol{A} = \boldsymbol{AI} = \boldsymbol{IA} \tag{4.21}$$

である．

4.1.3　逆マトリクスと行列式

マトリクスの除（割）算は間接的である．

正方マトリクス $\boldsymbol{A}$，単位マトリクス $\boldsymbol{I}$ に対して

$$\boldsymbol{AA}^{-1} = \boldsymbol{I} \tag{4.22}$$

を満足するマトリクス $\boldsymbol{A}^{-1}$ を $\boldsymbol{A}$ の**逆マトリクス**という．逆マトリクスは必ず存在するものではない．逆マトリクスをもつマトリクス $\boldsymbol{A}$ を**正則マトリクス**，もたないものを**特異マトリクス**と呼ぶ．

［例題 4.3］　マトリクス $\boldsymbol{A}$ が与えられたとき，その逆マトリクス $\boldsymbol{A}^{-1}$ を求めてみよう．

$$\boldsymbol{A} = \begin{bmatrix} 2 & 1 \\ 2 & 3 \end{bmatrix} \tag{4.23}$$

$$\boldsymbol{A}^{-1} = \begin{bmatrix} p & q \\ r & s \end{bmatrix} \tag{4.24}$$

と置き，逆マトリクスの要素 p, q, r, s を求める．

式 (4.22) に代入すれば

$$\begin{bmatrix} 2 & 1 \\ 2 & 3 \end{bmatrix} \begin{bmatrix} p & q \\ r & s \end{bmatrix} = \begin{bmatrix} 1 & \\ & 1 \end{bmatrix} \tag{4.25}$$

展開すると

$$\left. \begin{aligned} 2p + r &= 1 \\ 2q + s &= 0 \\ 2p + 3r &= 0 \\ 2q + 3s &= 1 \end{aligned} \right\} \tag{4.26}$$

これを p, q, r, s について解くと

$$p=\frac{3}{4},\quad q=-\frac{1}{4}$$
$$r=-\frac{1}{2},\quad s=\frac{1}{2} \tag{4.27}$$

を得る．

したがって，$\boldsymbol{A}$ の逆マトリクスは

$$\boldsymbol{A}^{-1}=\begin{bmatrix} \frac{3}{4} & -\frac{1}{4} \\ -\frac{1}{2} & \frac{1}{2} \end{bmatrix} \tag{4.28}$$

一般に 2 次元のマトリクス $\boldsymbol{A}$ を

$$\boldsymbol{A}=\begin{bmatrix} a_{11} & a_{12} \\ a_{21} & a_{22} \end{bmatrix} \tag{4.29}$$

と置き，式 (4.22) を展開して

$$\left.\begin{aligned} a_{11}p+a_{12}r=1 \\ a_{11}q+a_{12}s=0 \\ a_{21}p+a_{22}r=0 \\ a_{21}q+a_{22}s=1 \end{aligned}\right\} \tag{4.30}$$

この式を p, q, r, s について解くと

$$\begin{aligned} p=\frac{a_{22}}{\Delta},\qquad q=\frac{-a_{12}}{\Delta} \\ r=\frac{-a_{21}}{\Delta},\quad s=\frac{a_{11}}{\Delta} \end{aligned} \tag{4.31}$$

を得る．

したがって，逆マトリクス $\boldsymbol{A}^{-1}$ は

$$\boldsymbol{A}^{-1}=\begin{bmatrix} \frac{a_{22}}{\Delta} & \frac{-a_{12}}{\Delta} \\ \frac{-a_{21}}{\Delta} & \frac{a_{11}}{\Delta} \end{bmatrix}=\frac{1}{\Delta}\begin{bmatrix} a_{22} & -a_{12} \\ -a_{21} & a_{11} \end{bmatrix} \tag{4.32}$$

ここで，$\Delta=a_{11}a_{22}-a_{12}a_{21}$

ただし，この場合，$\Delta=a_{11}a_{22}-a_{12}a_{21}\neq 0$ でなければならない．$\Delta=0$ の場合に逆マトリクスは存在しない．$\Delta=a_{11}a_{22}-a_{12}a_{21}$ をマトリクスの行列式 (determinant) と呼び，det $\boldsymbol{A}$ で表す．

$$\det \boldsymbol{A}=\begin{vmatrix} a_{11} & a_{12} \\ a_{21} & a_{22} \end{vmatrix}=a_{11}a_{22}-a_{12}a_{21} \tag{4.33}$$

逆マトリクスに関しては次の関係が成立する．

$$(\boldsymbol{A}^{-1})^{-1}=\boldsymbol{A},\ (\boldsymbol{A}\cdot\boldsymbol{B})^{-1}=\boldsymbol{B}^{-1}\boldsymbol{A}^{-1},\ \det(\boldsymbol{A}^{-1})=(\det \boldsymbol{A})^{-1} \tag{4.34}$$

逆マトリクスを求めることは，連立代数方程式の解を求めることと等価である．

[例題 4.4]　次の 2 元連立方程式を逆マトリクスを用いて解いてみよう．

$$\left.\begin{array}{l} 2x_1+x_2=4 \\ 2x_1+3x_2=8 \end{array}\right\} \tag{4.35}$$

マトリクス表示すれば

$$\boldsymbol{A}\boldsymbol{x}=\boldsymbol{b} \tag{4.36}$$

ただし，

$$\boldsymbol{A}=\begin{bmatrix} 2 & 1 \\ 2 & 3 \end{bmatrix},\quad \boldsymbol{x}=\begin{bmatrix} x_1 \\ x_2 \end{bmatrix},\quad \boldsymbol{b}=\begin{bmatrix} 4 \\ 8 \end{bmatrix} \tag{4.37}$$

式 (4.36) を x について解けば，形式的に $\boldsymbol{x}=\boldsymbol{A}^{-1}\boldsymbol{b}$.

式 (4.36) の両辺に逆マトリクス $\boldsymbol{A}^{-1}$ (式 (4.28)) を左から掛ける．

$$\boldsymbol{A}^{-1}\boldsymbol{A}\boldsymbol{x}=\boldsymbol{A}^{-1}\boldsymbol{b} \tag{4.38}$$

$$\boldsymbol{I}\boldsymbol{x}=\boldsymbol{A}^{-1}\boldsymbol{b} \tag{4.39}$$

$$\boldsymbol{x}=\boldsymbol{A}^{-1}\boldsymbol{b} \tag{4.40}$$

解は，

$$\begin{aligned} \boldsymbol{x}&=\frac{1}{4}\begin{bmatrix} 3 & -1 \\ -2 & 2 \end{bmatrix}\begin{bmatrix} 4 \\ 8 \end{bmatrix} \\ &=\begin{bmatrix} \dfrac{3\times4-1\times8}{4} \\ \dfrac{-2\times4+2\times8}{4} \end{bmatrix} \\ &=\begin{bmatrix} 1 \\ 2 \end{bmatrix} \end{aligned} \tag{4.41}$$

したがって，$x_1=1$, $x_2=2$ である．逆マトリクス $\boldsymbol{A}^{-1}$ が求まれば連立方程式が解けることがわかる．

n 次元連立方程式も同様の手続きで解くことができる．

$$\left.\begin{array}{c} a_{11}x_1+a_{12}x_2+\cdots+a_{1j}x_j+\cdots+a_{1n}x_n=b_1 \\ a_{21}x_1+a_{22}x_2+\cdots+a_{2j}x_j+\cdots+a_{2n}x_n=b_2 \\ \vdots \\ a_{n1}x_1+a_{n2}x_2+\cdots+a_{nj}x_j+\cdots+a_{nn}x_n=b_n \end{array}\right\} \tag{4.42}$$

上式をマトリクス表示すると $\boldsymbol{Ax}=\boldsymbol{b}$ で，式(4.36)と同様である．

ただし，

$$\boldsymbol{A}=\begin{bmatrix} a_{11} & a_{12} & \cdots & a_{1j} & \cdots & a_{1n} \\ a_{21} & a_{22} & \cdots & a_{2j} & \cdots & a_{2n} \\ & & & \vdots & & \\ a_{n1} & a_{n2} & \cdots & a_{nj} & \cdots & a_{nn} \end{bmatrix},\ \boldsymbol{x}=\begin{bmatrix} x_1 \\ x_2 \\ \vdots \\ x_n \end{bmatrix},\quad \boldsymbol{b}=\begin{bmatrix} b_1 \\ b_2 \\ \vdots \\ b_n \end{bmatrix} \tag{4.43}$$

$n\times n$ のマトリクス $\boldsymbol{A}$ を次のように列ベクトルで表す．

$$\boldsymbol{A}=\begin{bmatrix} a_{11} & a_{12} & \cdots & a_{1j} & \cdots & a_{1n} \\ a_{21} & a_{22} & \cdots & a_{2j} & \cdots & a_{2n} \\ & & & \vdots & & \\ a_{n1} & a_{n2} & \cdots & a_{nj} & \cdots & a_{nn} \end{bmatrix}=[\boldsymbol{a}_1\ \ \boldsymbol{a}_2\ \cdots\ \boldsymbol{a}_j\ \cdots\ \boldsymbol{a}_n] \tag{4.44}$$

ただし，列ベクトル $\boldsymbol{a}_j$ は

$$\boldsymbol{a}_j=\begin{bmatrix} a_{1j} \\ a_{2j} \\ \vdots \\ a_{nj} \end{bmatrix} \tag{4.45}$$

連立方程式の解 $x_j\,(j=1, n)$ は次式で与えられる．

$$x_j=\frac{\det \boldsymbol{A}_j}{\det \boldsymbol{A}} \qquad (\det \boldsymbol{A}\neq 0) \tag{4.46}$$

ここで，$\det \boldsymbol{A}_j$ はマトリクス $\boldsymbol{A}$ の列ベクトル $\boldsymbol{a}_j$ を $\boldsymbol{b}$ で置き換えたマトリクス

$$\boldsymbol{A}_j=(\boldsymbol{a}_1\ \ \boldsymbol{a}_2\ \cdots\ \boldsymbol{b}\ \cdots\ \boldsymbol{a}_n) \tag{4.47}$$

の行列式である．

これをクラメールの公式と呼ぶ．逆マトリクスを用いて連立代数方程式を解くことができるが，演算量が多すぎるため，多次元の連立代数方程式の解法では，一般には次節で述べるような直接的解法が用いられる．

4.2　連立代数方程式の数値解法

連立代数方程式で一番簡単なものは2(次)元である．例えば

$$\left.\begin{aligned} y&=0.5x+1 \\ y&=2x-2 \end{aligned}\right\} \tag{4.48}$$

はそれぞれ，x, y 座標系において2本の直線を表す．両式を満足する解は直線の交点となる．図4.1から解は $x=2$, $y=2$ である．

計算でこれを解くには，式(4.48)第1式，第2式の y が等しいと置けば

$$0.5x+1=2x-2 \tag{4.49}$$

これを x について解いて

$$x=\frac{3}{1.5}=2 \tag{4.50}$$

これを式(4.48)の第1式に代入すれば

$$y=0.5\times2+1=2 \tag{4.51}$$

を得る．

次に，この連立方程式をガウスの消去法とガウス・ザイデル法で数値的に解い

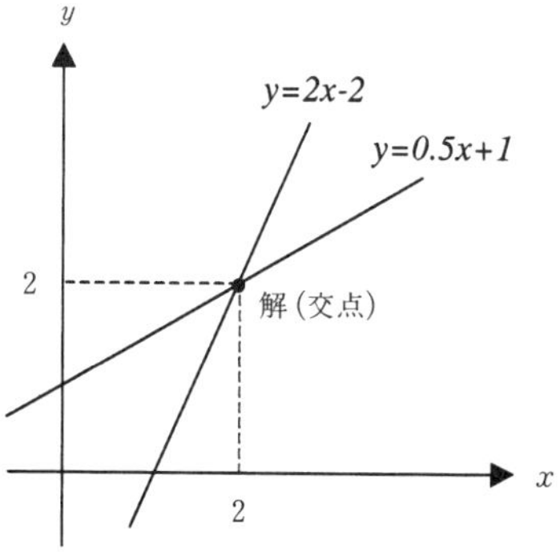

図 4.1　連立代数方程式の解

てみよう．

4.2.1　ガウスの消去法

別解として式(4.48)の 2 式を辺々引いて y を消去すれば

$$0=-1.5x+3 \tag{4.52}$$

よって

$$x=\frac{3}{1.5}=2 \tag{4.53}$$

これを式(4.48)の第 1 式(または第 2 式)に代入すれば

$$y=2 \tag{4.54}$$

同様の解が得られる．

ガウスの消去法はこの手順を一般化したもので，各式に共通する未知数 y を消去して(前進消去) x のみの式に変換した後，求められた x を元の式に代入して(後退代入)残りの未知数 y を求める．

式(4.48)では左辺が未知数，右辺は未知数と既知数からなるが，これを次のように変形して右辺を既知数の形にする．

$$\left.\begin{aligned} -0.5x+y&=1 \\ -2x+y&=-2 \end{aligned}\right\} \tag{4.55}$$

すなわち

$$\begin{bmatrix} -0.5 & 1 \\ -2 & 1 \end{bmatrix}\begin{bmatrix} x \\ y \end{bmatrix}=\begin{bmatrix} 1 \\ -2 \end{bmatrix} \tag{4.56}$$

$$\boldsymbol{A}\boldsymbol{x}=\boldsymbol{b} \tag{4.57}$$

ただし，

$$\boldsymbol{A}=\begin{bmatrix} -0.5 & 1 \\ -2 & 1 \end{bmatrix},\ \boldsymbol{x}=\begin{bmatrix} x \\ y \end{bmatrix},\ \boldsymbol{b}=\begin{bmatrix} 1 \\ -2 \end{bmatrix}$$

ガウスの消去法は前進消去と後退代入という 2 段階の処理が行われる．

前進消去：　式(4.55)の x を消去するには，2 式目の両辺に $-0.5/(-2)$ を掛けて 1 番目の式から引けばよい．1 番目の式はそのまま残すと

$$\left.\begin{aligned}&-0.5x+y=1\\&\left(1-\frac{0.5}{2}\right)y=1+2\times\frac{0.5}{2}\end{aligned}\right\}\qquad(4.58)$$

x が消去された 2 番目の式から $y=2$ が得られる．ここまでの処理を前進消去という．

後退代入：　式 (4.58) の 1 番目の式に $y=2$ を代入すれば $x=2$ が求められる．この処理を後退代入という．

多 (次) 元方程式の場合も，解法の手順は本質的に 2 (次) 元と同様である．同様に n (次) 元方程式 $\boldsymbol{A}\boldsymbol{x}=\boldsymbol{b}$ において

$$\boldsymbol{A}=\begin{bmatrix}a_{11} & a_{12}\cdots & a_{1n}\\ a_{21} & a_{22}\cdots & a_{2n}\\ & \vdots & \\ a_{n1} & a_{n2}\cdots & a_{nn}\end{bmatrix},\ \boldsymbol{x}=\begin{bmatrix}x_1\\x_2\\\vdots\\x_n\end{bmatrix},\ \boldsymbol{b}=\begin{bmatrix}b_1\\b_2\\\vdots\\b_n\end{bmatrix}\qquad(4.59)$$

解を 2 次元の場合のような平面上の直線の交点といった目にみえる形で表すことはできないが，n 次元空間で同様の関係が成立すると考えるわけである．解法の手順は組織的取り扱いが要求される．

a.　前進消去

2 次元の場合と同様に未知数を消去していく．未知数が多いので順番に消去する．まず，x_1 を消去するには 2 番目から n 番目までの式の両辺に a_{11}/a_{21} を掛けて 1 番目の式から引けばよい．

$$\left.\begin{aligned}&a_{11}x_1+a_{12}x_2+\cdots+a_{1n}x_n=b_1\\&\left(a_{12}-a_{22}\frac{a_{11}}{a_{21}}\right)x_2+\cdots+\left(a_{1n}-a_{2n}\frac{a_{11}}{a_{21}}\right)x_n=b_1-b_2\frac{a_{11}}{a_{21}}\\&\qquad\qquad\vdots\\&\left(a_{12}-a_{k2}\frac{a_{11}}{a_{21}}\right)x_2+\cdots+\left(a_{1n}-a_{kn}\frac{a_{11}}{a_{21}}\right)x_n=b_1-b_k\frac{a_{11}}{a_{21}}\\&\qquad\qquad\vdots\\&\left(a_{12}-a_{n2}\frac{a_{11}}{a_{21}}\right)x_2+\cdots+\left(a_{1n}-a_{nn}\frac{a_{11}}{a_{21}}\right)x_n=b_1-b_n\frac{a_{11}}{a_{21}}\end{aligned}\right\}\qquad(4.60)$$

1 番目の式はそのまま残り，2 番目以降は x_1 が消去され $n-1$ 個の未知数 x_2 ～x_n を含む方程式が新たに得られる．3 番目以降の式に同様の操作を繰り返し

て未知数 x_2 から x_n まで順番に消去していけば，結局

$$\left.\begin{array}{r} c_{11}x_1+c_{12}x_2+\cdots+c_{1n}x_n=d_1 \\ c_{22}x_2+\cdots+c_{2n}x_n=d_2 \\ \vdots \\ c_{kk}x_k+\cdots+c_{kn}x_n=d_k \\ \vdots \\ c_{nn}x_n=d_n \end{array}\right\} \tag{4.61}$$

の形となる．各係数 c_{ij}, d_i は新しくなった係数である．

b.　後退代入

式 (4.61) の n 番目の式から未知数 x_n が得られる．

$$x_n=\frac{d_n}{c_{nn}} \tag{4.62}$$

この x_n を式 (5.61) の $n-1$ 番目の式に代入すれば未知数 x_{n-1} が求まる．同様の手順を下の方から繰り返せば x_n から x_1 まで全ての未知数が求まる．

$$x_{n-1}=\frac{(d_{n-1}-c_{n-1,n}x_n)}{c_{n-1,n-1}} \tag{4.63}$$

$$x_k=\frac{\left(d_k-\sum_{j=k+1}^{n}c_{k,j}x_j\right)}{c_{kk}} \tag{4.64}$$

詳細については後述するプログラムを参照してほしい．

［例題 4.5］　次の連立方程式をガウスの消去法で解いてみよう．

$$\left.\begin{array}{l} -4x_1+x_2+2x_3=4 \\ 2x_1+5x_2-2x_3\ \ =6 \\ 3x_1+2x_2-6x_3\ \ =-11 \end{array}\right\} \tag{4.65}$$

x_1 の係数をそろえるため，第 2 式には $-4/2$，第 3 式には $-4/3$ を掛ける．

(第 1 式)$-\left(\text{第 2 式}\times-\frac{4}{2}\right)$ および (第 1 式)$-\left(\text{第 2 式}\times-\frac{4}{3}\right)$ の操作を行い，第 2，第 3 式から変数 x_1 を消去する．

$$\left.\begin{aligned} -4x_1+x_2+\ 2x_3&=\ \ 4 \\ 11x_2-\ 2x_3&=\ 16 \\ 11x_2-18x_3&=-32 \end{aligned}\right\} \tag{4.66}$$

第 2，第 3 式において同様にまず変数 x_2 の係数をそろえて変数 x_2 を消去し

$$\left.\begin{aligned} -4x_1+x_2+2x_3&=4 \\ 11x_2-2x_3&=16 \\ x_3&=3 \end{aligned}\right\} \tag{4.67}$$

第 3 式より x_3 が得られた．第 2 式に代入すれば x_2 が得られ，x_3, x_2 を第 1 式に戻せば x_1 が得られる．

$$x_1=1,\ x_2=2,\ x_3=3 \tag{4.68}$$

上の連立方程式をガウスの消去法で解くためのプログラムを以下に示す．

(プログラム 14)

```
      DIMENSION A(3, 3), B(3)
      DATA A/−4., 2., 3.,                         係数 a_ij
     &       1., 5., 2.,
     &       2., −2., −6./
      DATA B/4., 6., −11./                        係数 b_i
C
      N=3                                         3(次)元
C
C 前進消去
      DO 10 J=1, N−1
        DO 20 I=J+1, N
          W=A(I, J)/A(J, J)
          A(I, J)=0.0
          DO 30 K=J+1, N+1
            A(I, K)=A(I, K)−W*A(J, K)
30        CONTINUE
20      CONTINUE
10    CONTINUE
C
C 後退代入
     B(N)=B(N)/A(N, N)
```

```
      DO 50 KK=1, N-1
         K=N-KK
         DO 60 J=K+1, N
            B(K)=B(K)-A(K, J)*B(J)
60       CONTINUE
         B(K)=B(K)/A(K, K)
50    CONTINUE
```

［計算結果］ $x_1=1.000000$

$x_2=2.000000$

$x_3=3.000000$

c．ピボット選択

上記のアルゴリズムを用いて実際にいくつかの連立方程式を解いてみると，行列の対角要素 $a_{kk}\,(k=1, n)$ の大きさがゼロの場合は解けない，またゼロではなくても非常に小さい値をとる場合（$|a_{ik}|<$丸めの誤差 ε）にはうまく解けない．これは途中の演算で現れる $1/a_{kk}$ の値が1章で述べたような理由で正確に計算できないためである．そこで，a_{kk} の大きさが小さくならないように式の入れ替え（式の上下の位置を入れ替える）を行うことによって，できるだけ大きな a_{kk} を選択するようにする．これが**ピボット選択**である．式の順番を入れ替えても連立方程式は変わらない．消去したい未知数 x_k の係数である $a_{ik}\,(i=1, n)$ の大きさが最も大きい a_{kk} を選んで $1/a_{kk}$ を計算する．もし a_{ik} の値が全てゼロに近い（または $|a_{ik}|<\varepsilon, \det \boldsymbol{A}\approx 0$）のであれば，当然のことながら連立方程式は本質的に解けない．このとき方程式は**特異**であるという．

［例題 4.6］ 次の連立方程式は第1式の対角要素がゼロであるため，そのままでは上記プログラムで解けない．

$$\left.\begin{aligned} 4x_2+3x_3&=2 \\ 2x_1+3x_2-2x_3&=2 \\ 5x_1+2x_2-3x_3&=0 \end{aligned}\right\} \tag{4.69}$$

第1式と第2式を入れ替えて，対角要素がゼロにならないようにする．

$$\left.\begin{aligned} 2x_1+3x_2-2x_3&=2 \\ 4x_2+3x_3&=2 \\ 5x_1+2x_2-3x_3&=0 \end{aligned}\right\} \tag{4.70}$$

解を求めれば

$$\left.\begin{aligned} x_1&=-0.530661 \\ x_2&=0.775510 \\ x_3&=-0.367347 \end{aligned}\right\} \tag{4.71}$$

が得られる．

連立方程式解法プログラムにはピボット選択の手順が含まれているのが普通である．このほかにも，記憶容量を削減するために帯行列を用いたり，係数がゼロである部分の計算を省略して処理の高速化を図るなどの技法も用いられるが，ここでは説明を省略する．

4.2.2　ガウス・ザイデル法

式(4.55)の2次元連立方程式をもう一度取り上げる．2つの式をさしあたっては独立した形で解いてみる．

式(4.55)の1番目の式に，

例えば $x=1$ を代入すると

$$-0.5\times1+y=1 \quad より \quad y=1.5$$

2番目の式に $y=1.5$ を代入して x を求めると

$$-2x+1.5=-2 \quad より \quad x=1.75$$

再び1番目の式に $x=1.75$ を代入して y を求めると

$$-0.5\times1.75+y=1 \quad より \quad y=1.875$$

2番目の式に $y=1.875$ を代入して x を求めると

$$-2x+1.875=-2 \quad より \quad x=1.9375$$

1番目の式に $x=1.9375$ を代入して y を求めると

$$-0.5\times1.9375+y=1 \quad より \quad y=1.96875$$

徐々に x, y とも正解($x=2,\ y=2$)に近づくことがわかる．

このように適当な初期値を設定して各式に代入し，得られた値を収束するまで

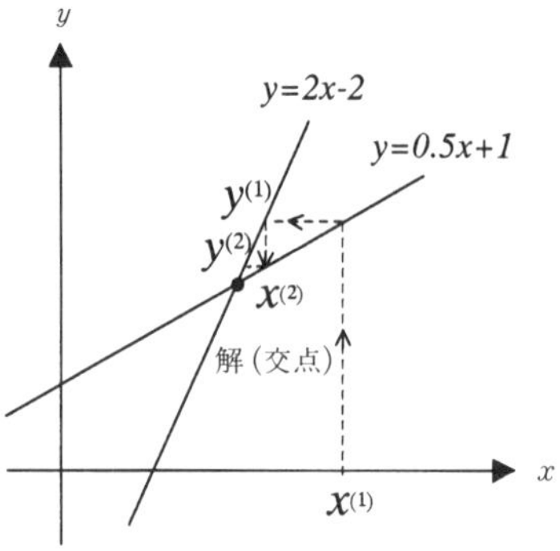

図 4.2　ガウス・ザイデル法

繰り返し代入して解を得る手法をガウス・ザイデル法という.

解の収束の様子が図 4.2 に示してある. すなわち, 適当な初期値 $x=x^{(1)}$ を想定して第 1 式に入れると $y^{(1)}=0.5x^{(1)}+1$ により $y^{(1)}$ が得られ, これを第 2 式に入れ x について整理すると, $x^{(2)}$ が得られる.

$$x^{(2)}=\frac{1}{2}y^{(1)}-\frac{2}{2} \tag{4.72}$$

これは第 1 式も満足しているはずであるから, 再び $x^{(2)}$ を第 1 式に代入して $y^{(2)}$ を求める. この手順を繰り返せば点線をたどって交点 $x=2, y=2$ へ収束することになる.

考え方と計算アルゴリズムはいたって簡単であり, 反復計算は計算機の得意とするところである. それでも初期値の選択と収束がどれだけ早いかが実用上のカギといえる. 反復法は大次元方程式の解法に用いられることが多い.

a.　一般連立方程式

多 (次) 元の場合も初期値を与え繰り返し計算を行う手順は全く同様である. n 次元連立方程式 (式 (4.59)) の各式を変形して, 形式的に未知数が左辺にくるようにする.

$$\left.\begin{aligned}
x_1&=\frac{1}{a_{11}}\{b_1-(a_{12}x_2+a_{13}x_3+\cdots+a_{1n}x_n)\}\\
x_2&=\frac{1}{a_{22}}\{b_2-(a_{21}x_1+a_{23}x_3+\cdots+a_{2n}x_n)\}\\
&\qquad\vdots\\
x_k&=\frac{1}{a_{kk}}\{b_k-(a_{k1}x_1+a_{k2}x_2+\cdots+a_{kn}x_n)\}\\
&\qquad\vdots\\
x_n&=\frac{1}{a_{nn}}\{b_n-(a_{n,1}x_1+a_{n,2}x_2+\cdots+a_{n,n-1}x_{n-1})\}
\end{aligned}\right\}\tag{4.73}$$

繰り返し回数を l とし，l 回目の繰り返し計算の初期値(既知)を $x_i^{(l)}$，解(未知)を $x_i^{(l+1)}$ とする．

式(4.73)を書き換えれば

$$\left.\begin{aligned}
x_1^{(l+1)}&=\frac{1}{a_{11}}\{b_1-(a_{12}x_2^{(l)}+a_{13}x_3^{(l)}+\cdots+a_{1n}x_n^{(l)})\}\\
x_2^{(l+1)}&=\frac{1}{a_{22}}\{b_2-(a_{21}x_1^{(l+1)}+a_{23}x_3^{(l)}+\cdots+a_{2n}x_n^{(l)})\}\\
&\vdots\qquad\qquad\vdots\\
x_k^{(l+1)}&=\frac{1}{a_{kk}}\{b_k-(a_{k1}x_1^{(l+1)}+\cdots+a_{k,k-1}x_{k-1}^{(l+1)}+a_{k,k+1}x_{k+1}^{(l)}+\cdots+a_{kn}x_n^{(l)})\}\\
&\vdots\qquad\qquad\vdots\\
x_n^{(l+1)}&=\frac{1}{a_{nn}}\{b_n-(a_{n,1}x_1^{(l+1)}+a_{n,2}x_2^{(l+1)}+\cdots+a_{n,n-1}x_{n-1}^{(l+1)})\}
\end{aligned}\right\}\tag{4.74}$$

解は次のステップの初期値となるわけである．ただし，式(4.74)は上から下へ順番に計算するものとする．1番目の式で得られた解 $x_1^{(l+1)}$ が2番目の式の右辺に初期値として代入される．順次，上の式で求められた未知数を組み込んで $x_k^{(l+1)}$ $(k=2\cdots n)$ を求めるため，左辺が未知数，右辺は全て既知数の形となっている．$x_k^{(l+1)}$ $(k=1\cdots n)$ が全て求められれば，式(4.74)の l を $l+1$ で置き換えて(計算ステップの更新)，$x_k^{(l+2)}$ $(k=1\cdots n)$ を求める．式(4.74)の各式を一般的に記述すると

$$x_k^{(l+1)}=\frac{1}{a_{kk}}\left\{b_k-\left(\sum_{j=1}^{k-1}a_{kj}x_j^{(l+1)}+\sum_{j=k+1}^{n}a_{kj}x_j^{(l)}\right)\right\}\tag{4.75}$$

となる．ただし，$2 \leqq k \leqq n-1$ である．

次に簡単な例題とプログラムを示そう．

［例題 4.7］ ［例題 4.5］で示した連立方程式（式(4.65)）をガウス・ザイデル法で解いてみよう．プログラムは次のようになる．

（プログラム 15）

```
      DIMENSION A(3, 3), B(3), X(3)
      DATA A/-4., 2., 3.,                          係数 a_ij
     &        1., 5., 2.,
     &        2., -2., -6./
      DATA B/4., 6., -11./                         係数 b_i
C
      N=3
C
      M=10
      X(2)=1.                                      x_k^l の初期値
      X(3)=1.
      DO 70 L=1, M
C
        S=0.0
        DO 80 J=2, N
          S=S+A(1, J)*X(J)
 80   CONTINUE
      X(1)=1./A(1, 1)*(B(1)-S)                     x_1^(l+1) の計算
C
     DO 90 I=2, N-1
      S1=0.0
      DO 92  J=1, I-1
        S1=S1+A(I, J)*X(J)
 92  CONTINUE
      S2=0.0
      DO 94 J=I+1, N
        S2=S2+A(I, J)*X(J)
 94   CONTINUE
      X(I)=1./A(I, I)*(B(I)-S1-S2)                 x_k^(l+1) の計算
 90   CONTINUE
C
```

```
          S=0.0
          DO 100 J=1, N-1
            S=S+A(N, J)*X(J)
 100      CONTINUE
          X(N)=1./A(N, N)*(B(N)-S)                      x_n^(l+1) の計算
C
  70    CONTINUE
```

[計算結果]　この場合も $1/a_{kk}$ の計算が現れるため，ガウスの消去法で述べたようなピボット選択(p. 90)を行う必要がある．

初期値を $x_2=X(2)=1.0$, $x_3=X(3)=1.0$ とし，10 回繰り返し計算した場合の結果を表 4.1 に示す．10 回でほぼ解に収束していることがわかる．

表 4.1　ガウス・ザイデル法による解の収束

計算回数	$X(1)$	$X(2)$	$X(3)$
1	−0.250000	1.699999	2.274999
2	0.562499	1.884999	2.742916
3	0.842708	1.960083	2.908048
4	0.944045	1.985601	2.967223
5	0.980012	1.994885	2.988301
6	0.992871	1.998172	2.995826
7	0.997456	1.999348	2.998511
8	0.999092	1.999767	2.999468
9	0.999676	1.999917	2.999810
10	0.999845	1.999970	2.999932

(解析解：$x_1=1$, $x_2=2$, $x_3=3$)

b.　収束の条件[15)]

ガウス・ザイデル法で連立方程式の解を求めた．しかし，適当な初期値を想定して繰り返し計算するだけで，あらゆる形の連立方程式が解けるかというと必ずしもそうとはいえない．繰り返し計算の過程で解が収束することが必要で，それには特定の条件が満たされる必要があるからである．この場合の収束とは繰り返し計算した解が一定値に近づくことで，図 4.2 の例では繰り返し計算が(矢印をたどると)交点へ収束する方向になっている．ところが，図 4.3 はもう 1 つの 2 元連立方程式の例であるが，計算を進めると発散してしまう．収束の条件は連立

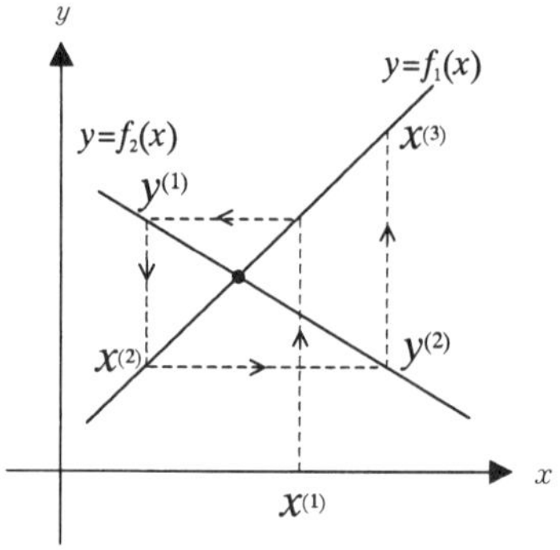

図 4.3　ガウス・ザイデル法(収束しない例)

方程式の形(係数)に依存するのである.

ガウス・ザイデル法による解が収束するための十分条件は，天下り的ではあるが次のようなものである.

係数マトリクスが対角優位である，

係数マトリクスが実対称で正定値である，

などで，いずれかが満たされればよい.

①　係数マトリクス $\boldsymbol{A}$ が対角優位であるとは，各行について対角要素の大きさが非対角要素の大きさの和よりも大きいことを示す.

$$|a_{ii}| > \sum_{\substack{j=1 \\ (i \neq j)}}^{n} |a_{ij}| \quad (i=1 \cdots n) \tag{4.76}$$

例えば，[例題 4.5] の連立方程式で係数マトリクスを確認すると，

1 行目では $|a_{11}|=4>|a_{12}|+|a_{13}|=3$

2 行目では $|a_{22}|=5>|a_{21}|+|a_{23}|=4$

3 行目では $|a_{11}|=6>|a_{31}|+|a_{32}|=5$

であるから，式(4.76)を満たす.

②　係数マトリクス $\boldsymbol{A}$ が実対称(実数係数，対称マトリクス)であるとは，実数係数は各要素 a_{ij} が実数，対称マトリクスは非対角要素について

$$a_{ij}=a_{ji} \quad (i=1, n, \quad j=1, n) \tag{4.77}$$

を満たす.

③　マトリクス $\boldsymbol{A}$ が正定値であるとは，任意のベクトル $\boldsymbol{x}\left(\boldsymbol{x}\neq\begin{bmatrix}0\\ \vdots\\ 0\end{bmatrix}\right)$ に対して

$$\boldsymbol{x}^T\boldsymbol{A}\boldsymbol{x}>0 \tag{4.78}$$

を満足することをいう．

したがって，解が収束するには式(4.78)を満たすことを確認する必要があるが，簡単な確認方法はない．式(4.76)，式(4.77)は参考として考慮すべき条件である(証明については文献[12])を参照してほしい)．

先に述べたように，特に本法の利用は，収束がどれだけ早いかが実用上のカギであって，収束を早めるために適切な初期値の選択，加速係数の採用などさまざまな工夫が考えられている．

演 習 問 題

4.1　マトリクス $\boldsymbol{A}$ と $\boldsymbol{B}$ の和を求めなさい．

$$\boldsymbol{A}=\begin{bmatrix}2&1&1\\1&3&1\\1&1&4\end{bmatrix}\qquad \boldsymbol{B}=\begin{bmatrix}-1&4&0\\2&-3&1\\0&1&2\end{bmatrix}$$

4.2　式(4.70)に示すマトリクス $\boldsymbol{A}$ の逆マトリクス $\boldsymbol{A}^{-1}$ を求めなさい．

4.3　次の連立代数方程式を逆マトリクスを用いて解きなさい．

$$\left.\begin{aligned}2x_1+x_2+x_3&=5\\x_1+3x_2+x_3&=3\\x_1+x_2+4x_3&=6\end{aligned}\right\} \tag{4.79}$$

4.4　式(4.79)をガウスの消去法で解きなさい．

4.5　式(4.79)をガウス・ザイデル法で解きなさい．

Tea Time

最小２乗解

図に示すように，3次元空間に3本の直線 $f_1(x_1, x_2, x_3)=0$, $f_1(x_1, x_2, x_3)=0$, $f_1(x_1, x_2, x_3)=0$ で与えられる関数がある．3つの方程式を連立させて解いた解は，これらの直線が1点で交わる交点の座標である．一方，各直線が例えば，計測誤差の含まれた実験結果などから得られたものであるような場合は，1点で交わることは必ずしも期待できない．この場合には3式を連立させても解は求められない．

このようなときに，どの式も近似的に満たす近似解(交点)を求める手法として利用されるのが最小2乗解である．最小2乗解は各直線からの距離の2乗和が最小になるような点の座標を解とするものである．すなわち，最小2乗解はどの直線からも最も距離の近い点の座標を与え，この点を3つの関数どれをも近似的に満足する解とするのである．

このような手法は，目的とする仕様(機能)にできるだけ近い設計値を得るための最適化設計など最適化問題の解法に広く適用されている．

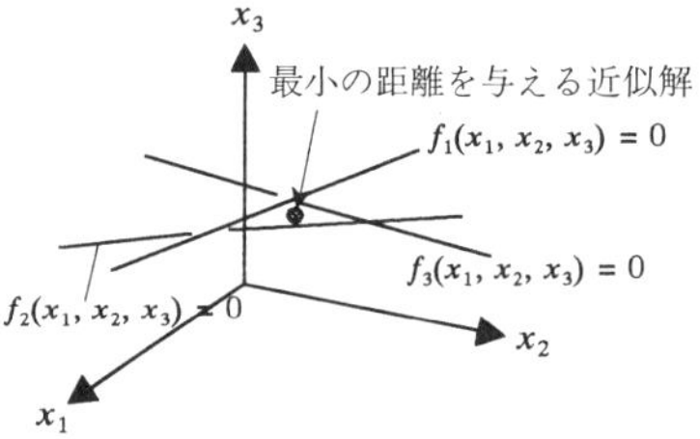

最小２乗解

5 常微分方程式と偏微分方程式の差分近似
― 離散化と連立方程式の導出 ―

ある関数の1つ以上の導関数を含む方程式を微分方程式という．微分方程式は，独立変数が1つであれば**常微分方程式**，独立変数が複数であれば**偏微分方程式**と呼ばれる．さまざまな物理現象が微分方程式で記述される．例えば，電気系で問題となる電界や磁界の問題などがそうである．このような方程式は**支配方程式**と呼ばれる．ここでは，2.1数値微分で述べた差分法を微分方程式に適用して連立代数方程式を導く手法といくつかの適用例について述べる．

5.1 常微分方程式の差分表示

微分方程式における独立変数 x を空間座標にとり，空間内の任意の位置における条件(多くの場合，境界で規定される**境界条件**)に対して微分方程式を解く問題を**境界値問題**という．

境界値問題の一例として，次のような支配方程式，2階の常微分方程式(式(5.1))を境界条件(式(5.2)，式(5.3))のもとで解き，関数 $y(x)$ と $x=3$ における関数値を求める問題を考えよう．

$$\text{支配方程式：}\frac{d^2y}{d^2x}=6x \tag{5.1}$$

$$\text{境界条件：}\frac{dy}{dx}=0 \quad (x=1\text{ で}) \tag{5.2}$$

$$y=0 \qquad (x=4\text{ で}) \tag{5.3}$$

境界条件には，1階の導関数値が規定される**自然境界条件**（ノイマン条件などと呼ばれる；式(5.2))と，関数値が規定される**固定境界条件**(ディリクレ条件などと呼ばれる；式(5.3))がある．

まず解析的に解いてみよう．

$\dfrac{dy}{dx}=p$ と置くと，式(5.1)は

$$\frac{dp}{dx}=6x \tag{5.4}$$

x で積分すると

$$p=3x^2+C_1 \tag{5.5}$$

境界条件式(5.2)より積分定数 C_1 が決まる．$C_1=-3$．したがって

$$\frac{dy}{dx}=p=3x^2-3 \tag{5.6}$$

両辺をさらに x について積分して

$$y=x^3-3x+C_2 \tag{5.7}$$

境界条件(5.3)より積分定数 C_2 が決まる．$C_2=-52$．

関数は，したがって

$$y=x^3-3x-52 \tag{5.8}$$

となる．$x=3$ に対して，$y=-34$ を得る．

このように，境界値問題では微分方程式(式(5.1))の積分で現れる積分定数 C_1, C_2 が境界条件により決定される．

次にこれを数値的に解いてみよう．すなわち，上述した2階の微分方程式(式(5.1))を境界条件(式(5.2)，式(5.3))のもとで差分法を用いて解く．

独立変数 x の領域は $[1, 4]$，この範囲を例えば6分割すればステップ幅は $\Delta x=(4-1)/6=0.5$，両端を含めて7個の離散点 $x=x_1\sim x_7$ における関数値 $y_1\sim y_7$ が定義される(図5.1)．

式(5.1)の2階の導関数を中央差分で近似すれば連立方程式

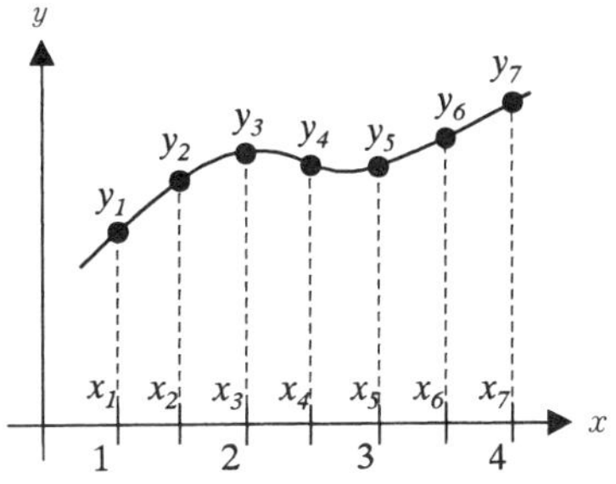

図 5.1 差分法のための領域分割例 (6 分割)

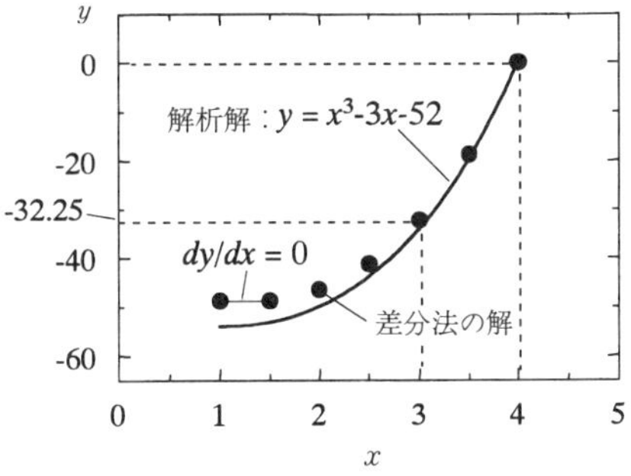

図 5.2 差分法による解と解析解の比較

$$\left.\begin{aligned}
y_1-2y_2+y_3&=(0.5)^2\times 6\times 1.5\\
y_2-2y_3+y_4&=(0.5)^2\times 6\times 2.\\
y_3-2y_4+y_5&=(0.5)^2\times 6\times 2.5\\
y_4-2y_5+y_6&=(0.5)^2\times 6\times 3.\\
y_5-2y_6+y_7&=(0.5)^2\times 6\times 3.5
\end{aligned}\right\} \tag{5.9}$$

が得られる．

2 つの境界条件を差分表示すれば

$$\left.\begin{aligned}
&y_2-y_1=0 \quad \text{（ただし，これだけは前進差分にしてある）}\\
&y_7=0
\end{aligned}\right\} \tag{5.10}$$

計 7 個の未知数に対して 7 個の方程式が得られた．

この連立方程式を数値的に解いて，$y_1=y_2=-48.75$, $y_3=-46.5$, $y_4=-41.25$, $y_5=-32.25$, $y_6=-18.75$, $y_7=0$ を得る．$x_5=3$ における関数値は $y_5=-32.25$ である (解析解 -34)．図 5.2 に差分法による解と解析解を比較した．

［例題 5.1］ 今度は分割を 2 倍にして (領域を 12 分割)，分割数が解に及ぼす影響を確認してみよう．

x の領域 $[1, 4]$ を 12 分割すればステップ幅は $\Delta x=0.25$ である．13 個の離散点 $x=x_1\sim x_{13}$ に対して関数値 $y_1\sim y_{13}$ が定義される．

式 (5.1) を中央差分で近似すれば連立方程式は

$$\left.\begin{aligned}
y_1-2y_2+y_3&=(0.25)^2\times6\times1.25\\
y_2-2y_3+y_4&=(0.25)^2\times6\times1.5\\
y_3-2y_4+y_5&=(0.25)^2\times6\times1.75\\
y_4-2y_5+y_6&=(0.25)^2\times6\times2.\\
y_5-2y_6+y_7&=(0.25)^2\times6\times2.25\\
y_6-2y_7+y_8&=(0.25)^2\times6\times2.5\\
y_7-2y_8+y_9&=(0.25)^2\times6\times2.75\\
y_8-2y_9+y_{10}&=(0.25)^2\times6\times3.\\
y_9-2y_{10}+y_{11}&=(0.25)^2\times6\times3.25\\
y_{10}-2y_{11}+y_{12}&=(0.25)^2\times6\times3.5\\
y_{11}-2y_{12}+y_{13}&=(0.25)^2\times6\times3.75
\end{aligned}\right\}\tag{5.11}$$

境界条件は式(5.10)と同様で

$$\left.\begin{aligned}
y_2-y_1&=0\\
y_{13}&=0
\end{aligned}\right\}\tag{5.12}$$

これを解いた結果を表5.1に示す．表には6分割の場合の結果も併せて示してある．差分法の解の精度は分割数に依存し，分割数を増した方が精度が高い様子がわかる．

表5.1　差分解の精度と分割数の関係

x	差分法による解(精度%)		解析解
	6分割	12分割	$y=x^3-3x-52$
1.00	−48.7500 (8.8)	−51.5625 (4.5)	−54.0000
1.25		−51.5625 (4.1)	−53.7969
1.50	−48.7500 (8.1)	−51.0938 (3.8)	−53.1250
1.75		−50.0625 (3.4)	−51.8906
2.00	−46.5000 (6.5)	−48.3750 (3.0)	−50.0000
2.25		−45.9375 (2.6)	−47.3594
2.50	−41.2500 (4.9)	−42.6563 (2.3)	−43.8750
2.75		−38.4375 (1.9)	−39.4531
3.00	−32.2500 (3.2)	−33.1875 (1.5)	−34.0000
3.25		−26.8125 (1.1)	−27.4219
3.50	−18.7500 (1.6)	−19.2188 (0.8)	−19.6250
3.75		−10.3125 (0.4)	−10.5156
4.00	0.0000 (0.0)	0.0000 (0.0)	0.0000

計算精度は解析解の最小値を基準にして評価した．

設定した分点位置以外の関数値が必要であれば，離散点間を数値的に補間して求める（§3.補間と曲線のあてはめを参照．p. 47）．分割をさらに増やすことは容易である．すなわち，微分方程式の差分表示は微分方程式を連立方程式に変換して計算機で解ける形にする1つの手段である．この手順をもう少し一般的な形で次に示そう．

常微分方程式

$$\frac{d^2y}{dx^2}=b(x) \tag{5.13}$$

を中央差分で近似し数値解を求める手順は次のようになる．

対象となる独立変数 x の範囲 $[x_{\min}, x_{\max}]$ は，両端で境界条件が限定される形で与えられる．この範囲を n 等分した両端を含む $n+1$ 個の分点（節点）の値を求める．ステップ幅 Δx を一定とすれば $\Delta x=(x_{\max}-x_{\min})/n$ である．各分点 x_k に対応する関数値 y_k を定義し，一端から順番に脚文字 k を付ける（$k=1\sim n+1$）．

離散的な関数値による式(5.13)の差分表現は式(2.42)′

$$\frac{d^2y}{dx^2}=\frac{y_{k+1}-2y_k+y_{k-1}}{\Delta x^2}=b(x_k)=b_k \tag{5.14}$$

この差分表現は両端を除くどの節点についても成立する（すなわち，$k=2, n$）．

境界条件は両端で，例えば前進差分を使えば

$$\frac{dy}{dx}=\frac{y_2-y_1}{\Delta x}=\hat{p}_1 \tag{5.15}$$

$$y_{n+1}=\hat{q}_{n+1} \tag{5.16}$$

で与えられる．ただし，$\hat{p}_1, \hat{q}_{n+1}$ は既知．

式(5.14)，式(5.15)を変形して既知数を右辺に集める．

すなわち，$n-1$ 個からなる連立方程式に，2つの境界条件式を加えて，次の形の $n+1$ 次元の連立方程式が得られる．

$$
\left.\begin{array}{l}
y_1-2y_2+y_3 = \Delta x^2 b_2\\
y_2-2y_3+y_4 = \Delta x^2 b_3\\
\qquad\vdots \qquad\qquad \vdots\\
y_{n-2}-2y_{n-1}+y_n = \Delta x^2 b_{n-1}\\
y_{n-1}-2y_n+y_{n+1} = \Delta x^2 b_n
\end{array}\right\} n-1\text{ の連立方程式}
$$

$$
\left.\begin{array}{r}
y_2-y_1=\Delta x\hat{p}_1\\
y_{n+1}=\hat{q}_{n+1}
\end{array}\right\} 2\text{ つの境界条件式}
\tag{5.17}
$$

これをマトリクス表示すれば

$$
\boldsymbol{Ay}=\boldsymbol{b} \tag{5.18}
$$

ただし，

$$
\boldsymbol{A}=\begin{bmatrix}
1 & -1 & & & & \\
1 & -2 & 1 & & & \\
 & 1 & -2 & 1 & & \\
 & & & \ddots & & \\
 & & & 1 & -2 & 1\\
 & & & & & 1
\end{bmatrix},\quad
\boldsymbol{y}=\begin{bmatrix}
y_1\\ y_2\\ y_3\\ \vdots\\ y_n\\ y_{n+1}
\end{bmatrix}
$$

$$
\boldsymbol{b}=\begin{bmatrix}
-\Delta x\hat{p}_1\\
\Delta x^2 b_2\\
\Delta x^2 b_3\\
\vdots\\
\Delta x^2 b_{n-1}\\
\Delta x^2 b_n\\
\hat{q}_{n+1}
\end{bmatrix} \tag{5.19}
$$

これを解いて $n+1$ 個の未知数 y_k が求められる．このような連立方程式は 4 章で述べた数値解法 (p. 75) を用いて解かれる．これらの式は通常，対角優位となっているのでガウス・ザイデル法で効率よく解くことができる．

5.2　偏微分方程式の差分表示

5.2.1　境界値問題

偏微分方程式の境界値問題として，独立変数が 2 つある次式 (2 次元問題) を未知関数 y について，特定の境界条件の下で解く場合を検討してみよう．

図 5.3 に示すような正方形の領域内の温度分布 y を差分法で求めてみよう．ただし，温度分布は式 (5.20) を満足する．

$$\frac{\partial^2 y}{\partial x_1^2}+\frac{\partial^2 y}{\partial x_2^2}=0 \tag{5.20}$$

式 (5.20) の偏微分方程式をとくにラプラス方程式という．

境界条件は次のように与えられるものとする．

$$\begin{aligned} &y=10 && (\text{境界 } \Gamma_1 \text{ で}) \\ &y=0 && (\text{境界 } \Gamma_2 \text{ で}) \\ &\frac{\partial y}{\partial n}=0 && (\text{境界 } \Gamma_3 \text{ および } \Gamma_4 \text{ で}) \end{aligned} \tag{5.21}$$

すなわち，境界 Γ_1, Γ_2 では温度が規定され，境界 Γ_3 と Γ_4 では境界に対して法線方向 (それぞれ x_2 方向，x_1 方向) の温度勾配が規定される．温度勾配がゼロである場合，これを断熱条件 (熱の流入出がない) という．これらの条件下で，内部の温度分布 $y(x_1, x_2)$ を求めたいわけである．境界 Γ_3 と Γ_4 の接する右上方端で

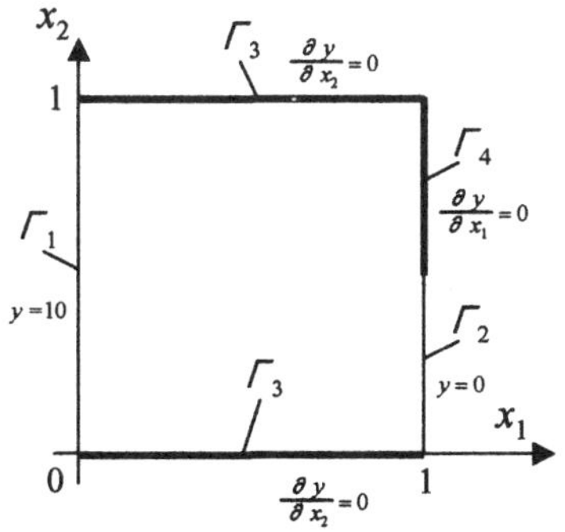

図 5.3　解析領域と境界条件

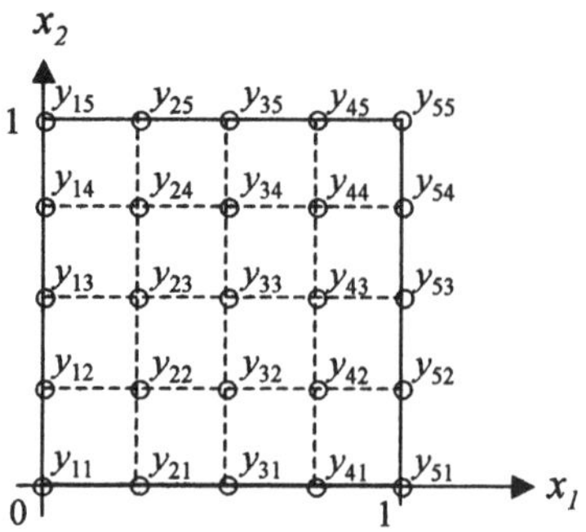

図 5.4　解析領域の分割と分点の配置

は角の法線方向が定義できないが，この角では温度勾配がないと考える．

差分法を適用してみよう．

図 5.4 のように領域を x_1, x_2 方向ともに 4 分割し，25 箇所（節点）における温度 $y_{ij}\,(i, j=1, 5)$ を定義る．

式 (5.20) を中央差分近似で表示すれば，節点 i, j について次式が得られる（§ 2.1 数値微分を参照．p. 19）．

$$\begin{aligned}\frac{\partial^2 y}{\partial^2 x_1}+\frac{\partial^2 y}{\partial^2 x_2}&=\frac{y_{i+1j}-2y_{ij}+y_{i-1j}}{\Delta x^2}+\frac{y_{ij+1}-2y_{ij}+y_{ij-1}}{\Delta x^2}\\&=\frac{y_{i-1j}+y_{ij-1}-4y_{ij}+y_{i+1j}+y_{ij+1}}{\Delta x^2}\\&=0\end{aligned}\tag{5.22}$$

x_1, x_2 方向とも分割幅（ステップ幅）は $\Delta x=1/4$ である．$i=2, \cdots 4$，$j=2, \cdots 4$ に対して 9 個の方程式が得られる．すなわち，連立方程式は

$$\left.\begin{aligned}y_{12}+y_{21}-4y_{22}+y_{32}+y_{23}=0\\y_{22}+y_{31}-4y_{32}+y_{42}+y_{33}=0\\y_{32}+y_{41}-4y_{42}+y_{52}+y_{43}=0\\y_{13}+y_{22}-4y_{23}+y_{33}+y_{24}=0\\y_{23}+y_{32}-4y_{33}+y_{43}+y_{34}=0\\y_{33}+y_{42}-4y_{43}+y_{53}+y_{44}=0\\y_{14}+y_{23}-4y_{24}+y_{34}+y_{25}=0\\y_{24}+y_{33}-4y_{34}+y_{44}+y_{35}=0\\y_{34}+y_{43}-4y_{44}+y_{54}+y_{45}=0\end{aligned}\right\}\tag{5.23}$$

境界条件から

$$
\begin{aligned}
&y_{11}=y_{12}=y_{13}=y_{14}=y_{15}=10 && (\text{境界 } \Gamma_1 \text{ 上で}) \\
&y_{51}=y_{52}=y_{53}=0 && (\text{境界 } \Gamma_2 \text{ 上で}) \\
&y_{24}=y_{25},\ y_{34}=y_{35},\ y_{44}=y_{45} && (\text{境界 } \Gamma_3 \text{ 上で}) \\
&y_{21}=y_{22},\ y_{31}=y_{32},\ y_{41}=y_{42} && \\
&y_{54}=y_{44} && (\text{境界 } \Gamma_4 \text{ 上で}) \\
&y_{55}=y_{45}=y_{54} && (\text{境界 } \Gamma_3 \text{ と } \Gamma_4 \text{ の接点で})
\end{aligned}
\tag{5.24}
$$

はすでに与えられている．式(5.24)を式(5.23)に代入すると，未知数の数は9個(y_{21}, y_{23}, y_{24}, y_{31}, y_{33}, y_{34}, y_{41}, y_{43}, y_{44})となり，次のように書ける．

$$
\left.
\begin{aligned}
-3y_{21}+y_{23}+y_{31} &= -10 \\
y_{21}-4y_{23}+y_{24}+y_{34} &= -10 \\
y_{23}-3y_{24}+y_{34} &= -10 \\
y_{21}-3y_{31}+y_{33}+y_{41} &= 0 \\
y_{23}+y_{31}-4y_{33}+y_{34}+y_{43} &= 0 \\
y_{24}+y_{33}-3y_{34}+y_{44} &= 0 \\
y_{31}-3y_{41}+y_{43} &= 0 \\
y_{33}+y_{41}-4y_{43}+y_{44} &= 0 \\
y_{34}+y_{43}-2y_{44} &= 0
\end{aligned}
\right\}
\tag{5.25}
$$

この連立代数方程式は，対角優位になるように配置(ピボット選択)してある．マトリクスで表示すれば

$$
\begin{bmatrix}
-3 & 1 & & 1 & & & & & \\
1 & -4 & 1 & & 1 & & & & \\
 & 1 & -3 & & & 1 & & & \\
1 & & & -3 & 1 & & 1 & & \\
 & 1 & & 1 & -4 & 1 & & 1 & \\
 & & 1 & & 1 & -3 & & & 1 \\
 & & & 1 & & & -3 & 1 & \\
 & & & & 1 & & 1 & -4 & 1 \\
 & & & & & 1 & & 1 & -2
\end{bmatrix}
\begin{bmatrix}
y_{21} \\ y_{23} \\ y_{24} \\ y_{31} \\ y_{33} \\ y_{34} \\ y_{41} \\ y_{43} \\ y_{44}
\end{bmatrix}
=
\begin{bmatrix}
-10 \\ -10 \\ -10 \\ 0 \\ 0 \\ 0 \\ 0 \\ 0 \\ 0
\end{bmatrix}
\tag{5.26}
$$

ガウスの消去法（プログラム 14，p. 89）で上式を解けば

$$\left.\begin{aligned} y_{21}&=7.79049\\ y_{23}&=7.88321\\ y_{24}&=8.01736\\ y_{31}&=5.48826\\ y_{33}&=5.72500\\ y_{34}&=6.16887\\ y_{41}&=2.94930\\ y_{43}&=3.35964\\ y_{44}&=4.76425 \end{aligned}\right\} \tag{5.27}$$

を得る．

図 5.5 に示すように，温度は境界 Γ_1 から境界 Γ_2 へ，x_1 方向だけでなく x_2 方向にも徐々に変化している．このような物体内部の温度分布は，測定するのが難しい．境界で計測された温度から内部の様子を推定する問題がある．これは逆問題と呼ばれ，現代のホットな問題の 1 つである．

ところで，式 (5.26) の係数マトリクス $\boldsymbol{A}$ はバンド幅 7 の対称マトリクスである．微分方程式を差分化した差分方程式は，多くの場合，このような形をしている．マトリクスの対称性を利用すれば連立代数方程式をさらに効率よく解くことができる．

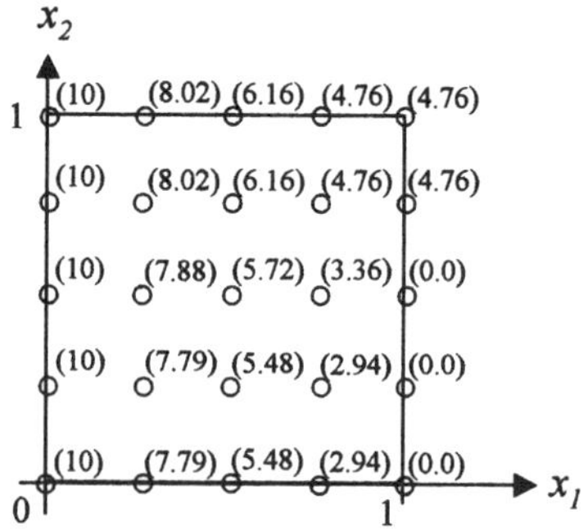

図 5.5　境界値問題の差分解

差分法では境界条件の与え方に独特の工夫が必要である．例えば，式(5.21)で与えた境界条件のうち，とくに Γ_3 や Γ_4 境界のように微係数が定義されるような場合に，中央差分を適用するには領域の外側に仮の分点を設けるなどの工夫が必要である．上の例では簡単のため前進差分を適用した．また，解析領域の形状は，必ずしもここで述べたような正方形ではなく，任意形状の場合も多い．

これらの手順を一般化すれば次のようになる．

対象となる独立変数 x_1 と x_2 の範囲をそれぞれ $[x_{1\min}, x_{1\max}]$，$[x_{2\min}, x_{2\max}]$ とする．x_1 の範囲を m 等分，x_2 の範囲を n 等分し，$(m+1)\times(n+1)$ 個の節点における関数値を定義する．x_1 方向の分割幅は $\Delta x_1=(x_{1\max}-x_{1\min})/m$，$x_2$ 方向の分割幅は $\Delta x_2=(x_{2\max}-x_{2\min})/n$ である．各節点における関数値 y_{ij} は，一端から順番に添え字 i, j を付けて区別される $(i=1, m+1,\ j=1, n+1)$．$\Delta x_1=\Delta x_2=\Delta x$ に選ぶことができれば表現はより容易になる．

したがって，離散的な未知の関数値に対して偏微分方程式の式(5.20)は式(5.22)に変換される．

すなわち

$$y_{i-1,j}+y_{i,j-1}-4y_{i,j}+y_{i+1,j}+y_{i,j+1}=0 \tag{5.28}$$

境界条件は，例えば

(自然境界条件)

$$\begin{aligned}\frac{\partial y}{\partial x_1}&=\frac{y_{i,2}-y_{i,1}}{\Delta x_2}=\hat{p}_{n1}\\ \frac{\partial y}{\partial x_2}&=\frac{y_{i,n+1}-y_{i,n}}{\Delta x_2}=\hat{p}_{n2}\qquad (i=1, m+1)\end{aligned} \tag{5.29}$$

(固定境界条件)

$$\begin{aligned}y_{i,j}&=\hat{y}_{m1}\\ y_{m+1,j}&=\hat{y}_{m2}\qquad (j=1, n+1)\end{aligned} \tag{5.30}$$

式(5.28)~(5.30)をマトリクスで表示すれば，式(5.18)，(5.19)と同様に $\boldsymbol{Ay}=\boldsymbol{b}$ の形が得られる．

差分法による偏微分方程式の解法プログラムは式(5.28)と境界条件に基づいて，未知数 y_i に関する連立方程式の係数を計算し，それを未知数について数値的に解くという手続きをとる．

5.2.2　初期値・境界値問題

初期値・境界値問題では独立変数に時間と空間的な座標がとられる．座標 x の境界条件は前例と同様に空間の両端で与えられるが，時間については1端 ($t=0$) で初期値 $y=y^{(0)}$ が与えられるだけである．求めたい関数は時間とともに変化する．初期値・境界値問題は非定常な境界値問題である．

簡単な例として独立変数として時間 t と座標 x をもつ偏微分方程式について考える．

x 方向の区間 $[0,1]$ において温度 y が偏微分方程式

$$\frac{\partial y}{\partial t}-\frac{\partial^2 y}{\partial x^2}=0 \tag{5.31}$$

で表される場合を検討する (熱伝導方程式)．初期値・境界値問題では式 (5.31) に対して初期条件 (時間 $t=0$ における条件) と境界条件が課される．

初期条件 ($t=0$ における条件)

$$\left.\begin{array}{ll} y=10 & (x=0) \\ y=0 & (0<x\leq 1) \end{array}\right\} \tag{5.32}$$

境界条件

$$\left.\begin{array}{ll} y=10 & (x=0) \\ y=0 & (x=1) \end{array}\right\} \tag{5.33}$$

初期条件は温度 y が $t=0$ で突然与えられたことを意味している．

式 (5.31)～(5.33) を差分法で解いて x 方向の温度分布 y が時間とともにどのように変化するかを調べてみよう．

x の区間 $[0,1]$ を3等分した分点と端を加えた4箇所の温度 y_1～y_4 を考える．4箇所のうち両端は境界条件で規定されているから，残る2箇所の温度 y_2, y_3 の時間的な変化を求めればよい．

式 (5.31) を差分近似する．空間微分は中央差分，時間微分は前進差分 (オイラー法) で近似する．

$$\left.\begin{aligned}\frac{y_2^{(t+\Delta t)}-y_2^{(t)}}{\Delta t}-\frac{y_3^{(t)}-2y_2^{(t)}+y_1^{(t)}}{\Delta x^2}=0\\ \frac{y_3^{(t+\Delta t)}-y_3^{(t)}}{\Delta t}-\frac{y_4^{(t)}-2y_3^{(t)}+y_2^{(t)}}{\Delta x^2}=0\end{aligned}\right\} \tag{5.34}$$

ここで，Δt：時間の増分，Δx：位置の増分(分割幅)，$y_1^{(t)}\sim y_4^{(t)}$：現在の温度，$y_2^{(t+\Delta t)}$, $y_3^{(t+\Delta t)}$：Δt 時間後の温度である．

初期条件($t=0\,(s)$ で，$y_1^{(0)}=10$，$y_2^{(0)}=0$，$y_3^{(0)}=0$，$y_4^{(0)}=0$)と境界条件を考慮すると

(初期 $t=0$ の式)

$$\left.\begin{aligned}\frac{y_2^{(\Delta t)}-0}{\Delta t}-\frac{0-2\times0+10}{\Delta x^2}=0\\ \frac{y_3^{(\Delta t)}-0}{\Delta t}-\frac{0-2\times0+0}{\Delta x^2}=0\end{aligned}\right\} \tag{5.35}$$

($t\geq\Delta t$ の式)

$$\left.\begin{aligned}\frac{y_2^{(t+\Delta t)}-y_2^{(t)}}{\Delta t}-\frac{y_3^{(t)}-2y_2^{(t)}+10}{\Delta x^2}=0\\ \frac{y_3^{(t+\Delta t)}-y_3^{(t)}}{\Delta t}-\frac{0-2y_3^{(t)}+y_2^{(t)}}{\Delta x^2}=0\end{aligned}\right\} \tag{5.36}$$

となる．

計算手順は次のとおりである．まず，式(5.35)から Δt 時間後の $y_2^{(\Delta t)}$，$y_3^{(\Delta t)}$ を求める．次に時間を Δt 進めて($\Delta t\rightarrow t$)，これらの値を式(5.36)の $y_2^{(t)}$，$y_3^{(t)}$ に代入し，時刻 $t=t+\Delta t$ における $y_2^{(t+\Delta t)}$，$y_3^{(t+\Delta t)}$ を求める．以降は時間を進める処理($t+\Delta t\rightarrow t$)を行いながら次の未知数を求める．

以下に式(5.35)，式(5.36)を計算する手続きを示す．

時間の増分 Δt は任意に設定できるが，あまり大きな値を採用すると解が発散することがある．ここでは $\Delta t=0.02\,(s)$ の場合について考察する．

($t=\Delta t$)

$$\left.\begin{aligned}\frac{y_2^{(\Delta t)}}{0.02}-\frac{10}{0.33333^2}=0\\ \frac{y_3^{(\Delta t)}}{0.02}-\frac{0}{0.33333^2}=0\end{aligned}\right\} \qquad \left\{\begin{aligned}y_2^{\Delta t}=1.80000\\ y_3^{\Delta t}=0.00000\end{aligned}\right.$$

($t=2\Delta t$)

$$\left.\begin{aligned}&\frac{y_2^{(2\varDelta t)}-1.80000}{0.02}-\frac{0-2\times1.80000+10}{0.33333^2}=0\\&\frac{y_3^{(2\varDelta t)}-0}{0.02}-\frac{0-2\times0+1.80000}{0.33333^2}=0\end{aligned}\right\}\qquad\left\{\begin{aligned}&y_2^{2\varDelta t}=2.95200\\&y_3^{2\varDelta t}=0.32400\end{aligned}\right.$$

$(t=3\varDelta t)$

$$\left.\begin{aligned}&\frac{y_2^{(3\varDelta t)}-2.95200}{0.02}-\frac{0.32400-2\times2.95200+10}{0.33333^2}=0\\&\frac{y_3^{(3\varDelta t)}-0.32400}{0.02}-\frac{0-2\times0.32400+2.95200}{0.33333^2}=0\end{aligned}\right\}\qquad\left\{\begin{aligned}&y_2^{3\varDelta t}=3.74760\\&y_3^{3\varDelta t}=0.73872\end{aligned}\right.$$

$(t=4\varDelta t)$

$$\left.\begin{aligned}&\frac{y_2^{(4\varDelta t)}-3.74760}{0.02}-\frac{0.73872-2\times3.74760+10}{0.33333^2}=0\\&\frac{y_3^{(4\varDelta t)}-0.73872}{0.02}-\frac{0-2\times0.73872+3.74760}{0.33333^2}=0\end{aligned}\right\}\qquad\left\{\begin{aligned}&y_2^{4\varDelta t}=4.33143\\&y_3^{3\varDelta t}=1.14735\end{aligned}\right.$$

2 箇所 y_2, y_3 の温度が徐々に上昇する．紙面の都合で $t=0.08\,(s)$ 以降の計算を省略するが，十分時間が経つと 2 箇所の温度は，それぞれ $y_2^{(t)}\to6.66666$, $y_3^{(t)}\to3.333333$ に近づく．

式 (5.31) の偏微分方程式の差分近似を一般化してみよう．

x の区間 $[0,1]$ を n 等分した分点と端を加えた $n+1$ 箇所 $x_1\sim x_{n+1}$ に対しての温度 $y_1\sim y_{n+1}$ を考える．

式 (5.31) は

$$\frac{y_i^{(t+\varDelta t)}-y_i^{(t)}}{\varDelta t}-\frac{y_{i+1}^{(t)}-2y_i^{(t)}+y_{i-1}^{(t)}}{\varDelta x^2}=0\quad(i=2,\ n)\tag{5.37}$$

境界条件として 2 箇所の温度が，例えば両端で規定され

$$\left.\begin{aligned}y_1&=\hat{q}_1\\y_{n+1}&=\hat{q}_{n+1}\end{aligned}\right\}\tag{5.38}$$

初期条件

$$y_i^{(0)}=\hat{q}_i^{(0)}\qquad(i=1,\ n+1)\tag{5.39}$$

を与えて順次繰り返し計算すれば各時刻ごとに $y_i^{(t)}$ が求められる．初期条件は全ての点で関数値が規定される必要があることに注意．

上の例では時間微分を前進差分（オイラー法）で近似したため，得られた連立

代数方程式が単なる代入計算の繰り返しだけで解けた．時間微分の差分近似にはさまざまな方法があり，採用する解法によっては t に関しても連立になる．

上の手続きをプログラムで示すと次のようになる．

（プログラム 16）

```
      DIMENSION  Y(4)                                          未知数 y1～y4
C
      DX=0.3333333                                             位置の増分 Δx
      DT=0.02                                                  時間の増分 Δt
      Y(1)=10.                                                 境界条件
      Y(4)=0.
      Y(2)=0.                                                  初期条件
      Y(3)=0.
C
      DO 10  I=1, 100                                          t=Δt～100 Δt まで計算
      T=I*DT                                                   時刻 t
      Y(2)=Y(2)+DT*(Y(3)-2.*Y(2)+Y(1))/DX**2                   式 (5.34)
      Y(3)=Y(3)+DT*(Y(4)-2.*Y(3)+Y(2))/DX**2
      WRITE(*, *) T, Y(2), Y(3)                                出力
 10   CONTINUE
```

［計算結果］ 図 5.6 に y_2, y_3 の 2 箇所の温度の時間変化を示す．$t=1\,(s)$ 後にはほぼ一定値に近づいている．一方，図 5.7 は同一のプログラムを用いて分割数を増し（10 分割，$\Delta x=0.1$），かつ時間の増分をさらに小さくとった場合（$\Delta t=0.001$）の結果である．図 5.6 に示した結果とかなり異なる．このように領域の分割や時間増分の設定の仕方に計算結果が大きく依存する場合があるため，1 章で述べたような計算精度に対する吟味だけでなく，分割が十分であるかどうかの検討が必要である．そのためには，分割を変えてみて（例えば 2 倍にして），解の収束性が十分かどうかをチェックする必要がある．

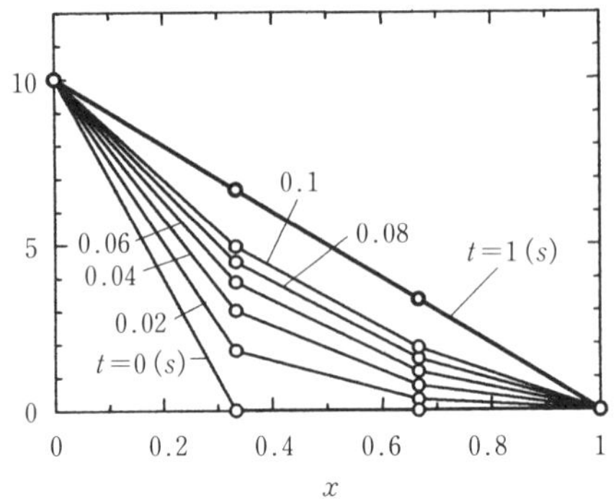

図 5.6　温度の時間変化
($\Delta x=0.333333$, $\Delta t=0.02$)

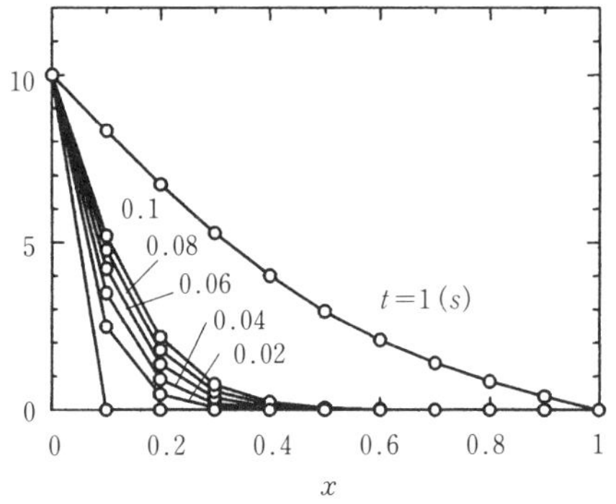

図 5.7　温度の時間変化
($\Delta x=0.1$, $\Delta t=0.001$)

演 習 問 題

5.1　次の偏微分方程式を差分表示しなさい.

a)　$\dfrac{\partial y}{\partial t}+\dfrac{\partial^2 y}{\partial x_1^2}+\dfrac{\partial^2 y}{\partial x_2^2}=0$

b)　$\dfrac{\partial y}{\partial t}-y\dfrac{\partial^2 y}{\partial^2 x}=0$

c)　$\dfrac{\partial^2 y}{\partial t^2}+\dfrac{\partial^2 y}{\partial x^2}=0$

5.2 常微分方程式(式(5.1))を次のような境界条件で差分法により解きなさい.

$$\frac{\partial^2 y}{\partial x^2}=6x \qquad \left.\begin{array}{ll} y=5 & (x=2) \\ y=21 & (x=3) \end{array}\right\}$$

5.3 (プログラム 16)において時間の増分 Δt を大きくとると解が発散することを確認しなさい.

Tea Time

平均値定理

ラプラス方程式の差分近似式(5.22)

$$\frac{y_{i-1,j}+y_{i,j-1}-4y_{i,j}+y_{i+1,j}+y_{i,j+1}}{\Delta x^2}=0 \qquad \text{(a)}$$

を変形すると

$$\frac{y_{i-1,j}+y_{i,j-1}+y_{i+1,j}+y_{i,j+1}}{4}=y_{i,j} \qquad \text{(b)}$$

と書くことができる. これは, 下図において, 中心の値 $y_{i,j}$ が周囲 4 点の平均値で表されることを示す. このため, これを平均値定理と呼ぶことがある. これは, われわれの感性による理解と一致する. これらの式は分割幅 Δx によらず成立する. 中心の大きさは周囲より大きくなることはないため, 結局, 領域内の最小値, 最大値は必ず境界上に存在することになる.

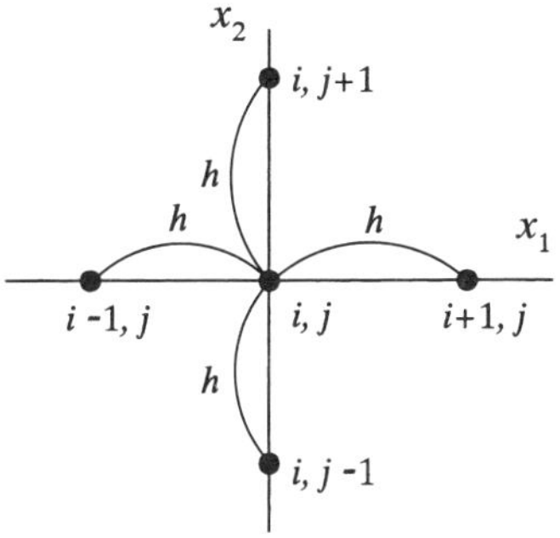

6 常微分方程式の重み付き残差表示
—離散化と連立方程式の導出—

5章では，微分 → 差分近似(差分法)により支配方程式から連立代数方程式を直接導いた．いわゆる微分形の解法である．これに対して，**重み付き残差法**といわれる積分形の解法がある．有限要素法や境界要素法などである．その取り扱いが変分原理から出発するものもあるが，大きく括ればそれらは全て重み付き残差法の1つとして位置づけられる．ここでは有限要素法を例にとり，重み付き残差法の考え方と微分方程式から連立代数方程式を導く過程を述べる．

6.1 常微分方程式の重み付き残差表示

重み付き残差法の考え方をここで説明するにあたって，5章で扱った支配方程式

$$L(y)=\frac{d^2y}{dx^2}-6x=0 \tag{6.1}$$

を境界条件

$$\frac{dy}{dx}=0 \qquad (x=1\text{ で}) \tag{6.2}$$

$$y=0 \qquad (x=4\text{ で}) \tag{6.3}$$

のもとに解く問題を取り上げよう．

y が支配方程式の解であれば，$L(y)=0$ であるはずである．これに対し，y が近似解 $\bar{y}$ であれば残差 $R=L(\bar{y})$ が残る．重み付き残差法では，$L(y)=0$ を満たす y を直接求める代わりに，残差に重みを付けたものが対象区間に対して平

均的にゼロとなるような解を求めようとするものである．重み関数に同じ $\bar{y}$ を採用すれば

$$\int_1^4 \bar{y} L(\bar{y}) dx = \int_1^4 \bar{y} R dx = \int_1^4 \bar{y} \left(\frac{d^2 \bar{y}}{dx^2} - 6x \right) dx = 0 \tag{6.4}$$

となる．これが常微分方程式の重み付き残差表示である．

6.2　有限要素法と連立方程式の導出

有限要素法では，式 (6.4) を部分積分する．

x の関数 fg を x で微分すれば，$(fg)' = fg' + f'g$．両辺を区間 $[a, b]$ において x で積分し，整理すれば $\int_a^b fg' dx = [fg]_b^a - \int_a^b f' g dx$.

$$\left[\frac{d\bar{y}}{dx} \bar{y} \right]_1^4 - \int_1^4 \left(\frac{d\bar{y}}{dx} \right)^2 dx - \int_1^4 6x\bar{y} dx = 0 \tag{6.5}$$

ここで，$\bar{y}$ が境界条件を満足するように選ぶものとすれば，左辺第 1 項はゼロになるため

$$\int_1^4 \left(\frac{d\bar{y}}{dx} \right)^2 dx + \int_1^4 6x\bar{y} dx = 0 \tag{6.6}$$

となる．領域全体にわたる近似関数を想定することが難しいため，対象領域をいくつかに分割して，小区間 $[x_i, x_{i+1}]$ に対してそれぞれ近似関数を想定するのである．

式 (6.6) は，したがって

$$\int_{x_i}^{x_{i+1}} \left(\frac{d\bar{y}}{dx} \right)^2 dx + \int_{x_i}^{x_{i+1}} 6x\bar{y} dx = 0 \tag{6.7}$$

となる．式 (6.6) は総和としての積分値がゼロでありさえすればよいが，式 (6.7) はそれぞれの区間で積分値がゼロであることに注意．後は，各区間の近似関数 $\bar{y}$ が区間の接続点 (節点) で連続となるようにすればよい．

区間が狭ければ近似関数は単純な関数でよいはずである．有限要素法では近似関数にスプライン関数などの多項式を用いている．次に，節点に関する連立代数方程式の導出 (離散化) 手順を述べ，想定する関数の次数の解に及ぼす影響についても検討する．

6.2.1　1次関数近似

対象区間 $[1,4]$ を6つの区間 $[1,1.5]$，$[1.5,2]$，$[2,2.5]$，$[2.5,3]$，$[3,3.5]$，$[3.5,4]$ に分割して，それぞれの区間について式(6.7)を考える．区間が狭ければ近似的に関数 $\bar{y}$ が単純な関数で表現できるはずである．

式(6.7)は導関数 $\partial y/\partial x$ を含むため，利用できる最も簡単な関数は1次関数である．区間 $[1,1.5]$，すなわち区間端 x_1, x_2 に対して関数値 y_1, y_2 が定義されるものとし，これが1次スプライン関数で内挿されるものとすると

$$y=\bar{y}=N_1y_1+N_2y_2 \tag{6.8}$$

ただし，

$$\left.\begin{aligned} N_1&=\frac{x-x_2}{x_1-x_2} \\ N_2&=\frac{x-x_1}{x_2-x_1} \end{aligned}\right\} \tag{6.9}$$

これは $x=x_1, x_2$ に対して $y=y_1, y_2$ を満足する．したがって

$$\frac{d\bar{y}}{dx}=\frac{1}{x_1-x_2}y_1+\frac{1}{x_2-x_1}y_2 \tag{6.10}$$

式(6.8)，(6.10)を式(6.7)の左辺に代入して積分すると，区間 $[1,1.5]$ に対して

$$\begin{aligned}
&\int_{x_1}^{x_2}\left(\frac{d\bar{y}}{dx}\right)^2dx+\int_{x_1}^{x_2}6x\bar{y}\,dx \\
&=\int_{x_1}^{x_2}[y_1\ \ y_2]\begin{bmatrix}\dfrac{-1}{x_2-x_1} \\ \dfrac{1}{x_2-x_1}\end{bmatrix}\begin{bmatrix}\dfrac{-1}{x_2-x_1} & \dfrac{1}{x_2-x_1}\end{bmatrix}\begin{bmatrix}y_1 \\ y_2\end{bmatrix}dx \\
&\quad+\int_{x_1}^{x_2}6[y_1\ \ y_2]\begin{bmatrix}\dfrac{-x^2+x_2x}{x_2-x_1} \\ \dfrac{x^2-x_1x}{x_2-x_1}\end{bmatrix}dx \\
&=[y_1\ \ y_2]\int_{x_1}^{x_2}\begin{bmatrix}\dfrac{1}{(x_2-x_1)^2} & \dfrac{-1}{(x_2-x_1)^2} \\ \dfrac{-1}{(x_2-x_1)^2} & \dfrac{1}{(x_2-x_1)^2}\end{bmatrix}dx\begin{bmatrix}y_1 \\ y_2\end{bmatrix}
\end{aligned}$$

$$+[y_1\ \ y_2]\int_{x_1}^{x_2}\begin{bmatrix}\dfrac{-6x^2+6x_2x}{x_2-x_1}\\ \dfrac{6x^2-6x_1x}{x_2-x_1}\end{bmatrix}dx \tag{6.11}$$

$$=[y_1\ \ y_2]\begin{bmatrix}2 & -2\\ -2 & 2\end{bmatrix}\begin{bmatrix}y_1\\ y_2\end{bmatrix}+[y_1\ \ y_2]\begin{bmatrix}1.75\\ 2.0\end{bmatrix}=0 \tag{6.12}$$

よって

$$\begin{bmatrix}2 & -2\\ -2 & 2\end{bmatrix}\begin{bmatrix}y_1\\ y_2\end{bmatrix}+\begin{bmatrix}1.75\\ 2.0\end{bmatrix}=\begin{bmatrix}0\\ 0\end{bmatrix} \tag{6.13}$$

y_1, y_2 などの脚番号は，分割された区間に対して便宜上つけたもので，全領域に対して節点で定義された $y_1, y_2, \cdots$ とは異なるものである．区間 [1.5, 2]～[3.5, 4] に対しても同様であり，各区間の接続点（節点）において y_i が等しいことを考慮すれば結局，式 (6.6) は

バンド幅 3

$$\begin{bmatrix}2 & -2 & & & & & \\ -2 & 4 & -2 & & & & \\ & -2 & 4 & -2 & & & \\ & & -2 & 4 & -2 & & \\ & & & -2 & 4 & -2 & \\ & & & & -2 & 4 & -2\\ & & & & & -2 & 2\end{bmatrix}\begin{bmatrix}y_1\\ y_2\\ y_3\\ y_4\\ y_5\\ y_6\\ y_7\end{bmatrix}=\begin{bmatrix}-1.75\\ -4.5\\ -6.0\\ -7.5\\ -9.0\\ -10.5\\ -5.75\end{bmatrix} \tag{6.14}$$

の形の連立代数方程式に帰着する．

これに，境界条件 $\bar{y}'=0$ ($x=0$ で)，$\bar{y}=0$($x=4$ で) に対して後者の固定境界条件だけを採用すれば $y_7=0$，したがって

$$\begin{bmatrix}2 & -2 & & & & & \\ -2 & 4 & -2 & & & & \\ & -2 & 4 & -2 & & & \\ & & -2 & 4 & -2 & & \\ & & & -2 & 4 & -2 & \\ & & & & -2 & 4 & 0\\ & & & & & 0 & 1\end{bmatrix}\begin{bmatrix}y_1\\ y_2\\ y_3\\ y_4\\ y_5\\ y_6\\ y_7\end{bmatrix}=\begin{bmatrix}-1.75\\ -4.5\\ -6.0\\ -7.5\\ -9.0\\ -10.5\\ 0\end{bmatrix} \tag{6.15}$$

これを解けば，$y_1=-54.000(-48.75)$，$y_2=-53.125(-48.75)$，$y_3=-50.000(-46.5)$，$y_4=-43.879(-41.25)$，$y_5=-34.000(-32.25)$，$y_6=-19.625(-18.75)$，$y_7=0.0(0.0)$ が得られる．(　) 内は差分法の結果である．$x=0$ における境界条件は使っていないが，有限要素法ではこの条件は定式化に組み入れられている．

6.2.2　2次関数近似

次に，分割された各区間内の関数を2次関数で近似してみよう．区間 $[1,4]$ に対して3つの区間 $[1,2]$，$[2,3]$，$[3,4]$ を考える．

2次関数を定義するには少なくとも3点が必要であるから，区間 $[1,2]$ において区間内の中央にも節点を配置して，節点 x_1, x_2, x_3 に対して関数値 y_1, y_2, y_3 が定義されるものとする．これが2次関数で内挿されるとする．近似関数 $\bar{y}$ を

$$y=\bar{y}=ax^2+bx+c \tag{6.16}$$

とおくと，定義より

$$\left.\begin{aligned} y_1&=ax_1^2+bx_1+c \\ y_2&=ax_2^2+bx_2+c \\ y_3&=ax_3^2+bx_3+c \end{aligned}\right\} \tag{6.17}$$

このマトリクス表示は

$$\begin{bmatrix} y_1 \\ y_2 \\ y_3 \end{bmatrix}=\begin{bmatrix} x_1^2 & x_1 & 1 \\ x_2^2 & x_2 & 1 \\ x_3^2 & x_3 & 1 \end{bmatrix}\begin{bmatrix} a \\ b \\ c \end{bmatrix} \tag{6.18}$$

である．ここで3個の未知係数を求めれば

$$\begin{aligned} \begin{bmatrix} a \\ b \\ c \end{bmatrix}&=\begin{bmatrix} x_1^2 & x_1 & 1 \\ x_2^2 & x_2 & 1 \\ x_3^2 & x_3 & 1 \end{bmatrix}^{-1}\begin{bmatrix} y_1 \\ y_2 \\ y_3 \end{bmatrix} \\ &=[N]\begin{bmatrix} y_1 \\ y_2 \\ y_3 \end{bmatrix} \end{aligned} \tag{6.19}$$

となる．ここで

$$[N]=\frac{1}{\varDelta}\begin{bmatrix} \begin{vmatrix} x_2 & 1 \\ x_3 & 1 \end{vmatrix} & -\begin{vmatrix} x_1 & 1 \\ x_3 & 1 \end{vmatrix} & \begin{vmatrix} x_1 & 1 \\ x_2 & 1 \end{vmatrix} \\ -\begin{vmatrix} x_2^2 & 1 \\ x_3^2 & 1 \end{vmatrix} & \begin{vmatrix} x_1^2 & 1 \\ x_3^2 & 1 \end{vmatrix} & -\begin{vmatrix} x_1^2 & 1 \\ x_2^2 & 1 \end{vmatrix} \\ \begin{vmatrix} x_2^2 & x_2 \\ x_3^2 & x_3 \end{vmatrix} & -\begin{vmatrix} x_1^2 & x_1 \\ x_3^2 & x_3 \end{vmatrix} & \begin{vmatrix} x_1^2 & x_1 \\ x_2^2 & x_2 \end{vmatrix} \end{bmatrix} \tag{6.20}$$

$$=\frac{1}{\varDelta}\begin{bmatrix} x_2-x_3 & -x_1+x_3 & x_1-x_2 \\ -x_2^2+x_3^2 & x_1^2-x_3^2 & -x_1^2+x_2^2 \\ x_2^2x_3+x_2x_3^2 & -x_1^2x_3+x_1x_3^2 & x_1^2x_2-x_1x_2^2 \end{bmatrix}$$

ただし，

$$\varDelta=\det[N]=x_1^2x_2+x_1x_3^2+x_2^2x_3-x_1^2x_3-x_2^2x_1-x_3^2x_2 \tag{6.21}$$

結局，式(6.16)は

$$\bar{y}=[x^2 \;\; x \;\; 1]\,[N]\begin{bmatrix} y_1 \\ y_2 \\ y_3 \end{bmatrix} \tag{6.22}$$

したがって

$$\frac{\partial \bar{y}}{\partial x}=[2x \;\; 1]\,[M]\begin{bmatrix} y_1 \\ y_2 \\ y_3 \end{bmatrix} \tag{6.23}$$

となる．ここで

$$[M]=\frac{1}{\varDelta}\begin{bmatrix} x_2-x_3 & -x_1+x_3 & x_1-x_2 \\ -x_2^2+x_3^2 & x_1^2-x_3^2 & -x_1^2+x_2^2 \end{bmatrix} \tag{6.24}$$

式(6.22)と式(6.23)はやや複雑になっているが，1次関数近似と同様に，近似関数 $\bar{y}$ とその1階微係数が，区間内に設けた3箇所の関数値により表されている．

式(6.22)，(6.23)を式(6.7)に代入すると

$$\int_{x_1}^{x_3}\left(\frac{d\bar{y}}{dx}\right)^2dx+\int_{x_1}^{x_3}6x\bar{y}\,dx$$

$$=\int_{x_1}^{x_3}[y_1\ \ y_2\ \ y_3]\,[M]^T\begin{bmatrix}2x\\1\end{bmatrix}[2x\ 1]\,[M]\begin{bmatrix}y_1\\y_2\\y_3\end{bmatrix}dx$$

$$+\int_{x_1}^{x_3}6[y_1\ \ y_2\ \ y_3]\,[N]^T\begin{bmatrix}x^3\\x^2\\x\end{bmatrix}dx$$

$$=[y_1\ \ y_2\ \ y_3]\,[M]^T\int_{x_1}^{x_3}\begin{bmatrix}4x^2 & 2x\\2x & 1\end{bmatrix}dx[M]\begin{bmatrix}y_1\\y_2\\y_3\end{bmatrix}$$

$$+[y_1\ \ y_2\ \ y_3]\,[N]^T\int_{x_1}^{x_3}\begin{bmatrix}6x^3\\6x^2\\6x\end{bmatrix}dx \tag{6.25}$$

区間 [1, 2] に対して x_2 を中点 ($x_2=1.5$) として，実際に積分すると

$$\int_{x_1}^{x_3}\left(\frac{d\bar{y}}{dx}\right)^2dx+\int_{x_1}^{x_3}6x\bar{y}dx$$

$$=[y_1\ \ y_2\ \ y_3]\begin{bmatrix}2 & -7\\-4 & 12\\2 & -5\end{bmatrix}\begin{bmatrix}9.33333 & 3\\3 & 1\end{bmatrix}\begin{bmatrix}2 & -4 & 2\\-7 & 12 & -5\end{bmatrix}\begin{bmatrix}y_1\\y_2\\y_3\end{bmatrix}$$

$$+[y_1\ \ y_2\ \ y_3]\begin{bmatrix}2 & -7 & 6\\-4 & 12 & -8\\2 & -5 & 3\end{bmatrix}\begin{bmatrix}22.5\\14.0\\9\end{bmatrix}$$

$$=[y_1\ \ y_2\ \ y_3]\begin{bmatrix}2.33333 & -2.66666 & 0.33333\\-2.66666 & 5.33333 & -2.66666\\0.33333 & -2.66666 & 2.33333\end{bmatrix}\begin{bmatrix}y_1\\y_2\\y_3\end{bmatrix}$$

$$+[y_1\ \ y_2\ \ y_3]\begin{bmatrix}1\\6\\2\end{bmatrix}=0 \tag{6.26}$$

よって

$$\begin{bmatrix} 2.33333 & -2.66666 & 0.33333 \\ -2.66666 & 5.33333 & -2.66666 \\ 0.33333 & -2.66666 & 2.33333 \end{bmatrix} \begin{bmatrix} y_1 \\ y_2 \\ y_3 \end{bmatrix} + \begin{bmatrix} 1 \\ 6 \\ 2 \end{bmatrix} = \begin{bmatrix} 0 \\ 0 \\ 0 \end{bmatrix} \tag{6.27}$$

同様に，区間 [2, 3]，[3, 4] についても積分し，区間の接続点 (節点) において関数 y_i が連続であることを考慮すると，式 (6.7) は

バンド幅 5

$$\begin{bmatrix} 2.33333 & -2.66666 & 0.33333 & & & & \\ -2.66666 & 5.33333 & -2.66666 & & & & \\ 0.33333 & -2.66666 & 4.66666 & -2.66666 & 0.33333 & & \\ & & -2.66666 & 5.33333 & -2.66666 & & \\ & & 0.33333 & -2.66666 & 4.66666 & -2.66666 & 0.33333 \\ & & & & -2.66666 & 5.33333 & -2.66666 \\ & & & & 0.33333 & -2.66666 & 2.33333 \end{bmatrix} \begin{bmatrix} y_1 \\ y_2 \\ y_3 \\ y_4 \\ y_5 \\ y_6 \\ y_7 \end{bmatrix} = \begin{bmatrix} -1 \\ -6 \\ -4 \\ -10 \\ -6 \\ -14 \\ -4 \end{bmatrix} \tag{6.28}$$

$\boldsymbol{Ay}=\boldsymbol{b}$ の形の連立代数方程式が得られる.

バンド幅 5

$$\left[\begin{array}{ccccccc|c} 2.33333 & -2.66666 & 0.33333 & & & & & 1 \\ -2.66666 & 5.33333 & -2.66666 & & & & & 6 \\ 0.33333 & -2.66666 & 4.66666 & -2.66666 & 0.33333 & & & 4 \\ & & -2.66666 & 5.33333 & -2.66666 & & & 10 \\ & & 0.33333 & -2.66666 & 4.66666 & -2.66666 & 0.33333 & 6 \\ & & & & -2.66666 & 5.33333 & -2.66666 & 14 \\ & & & & 0.33333 & -2.66666 & 2.33333 & 4 \end{array}\right] \tag{6.29}$$

左辺の係数マトリクスは対称でバンド幅は5である．

式(6.28)に境界条件，すなわち $\bar{y}'=0(x=4$ で$)$，$y_7=0$ を考慮すれば

$$\begin{bmatrix} 2.33333 & -2.66666 & 0.33333 & & & & \\ -2.66666 & 5.33333 & -2.66666 & & & & \\ 0.33333 & -2.66666 & 4.66666 & -2.66666 & 0.33333 & & \\ & & -2.66666 & 5.33333 & -2.66666 & & \\ & & 0.33333 & -2.66666 & 4.66666 & -2.66666 & 0. \\ & & & & -2.66666 & 5.33333 & 0. \\ & & & & 0. & 0. & 1. \end{bmatrix} \begin{bmatrix} y_1 \\ y_2 \\ y_3 \\ y_4 \\ y_5 \\ y_6 \\ y_7 \end{bmatrix} = \begin{bmatrix} -1 \\ -6 \\ -4 \\ -10 \\ -6 \\ -14 \\ 0 \end{bmatrix} \tag{6.30}$$

これを解けば，$y_1=-53.9998(-54.0)[-54.0]$，$y_2=-53.1248$ $(-53.125)[-53.125]$，$y_3=-49.9999(-50.0)[-50.0]$，$y_4=-43.8749$ $(-43.875)[-43.875)$，$y_5=-33.9999(-34.0)[-34.0]$，$y_6=-19.6249$ $(-19.625)[-19.625]$，$y_7=0.00000$ を得る．(　)と[　]内はそれぞれ1次近似解，解析解である．図6.1に有限要素解と解析解の比較を示す．差分法による解も示してある．これらは下に示す(プログラム17)によって解かれたものである．式(6.30)は式(6.15)と同じ大きさの連立方程式であるが，式(6.30)の方が係数マトリクスのバンド幅が広く，計算量が多いことに注意．

このように有限要素法では，微分方程式が与えられている場合に重み付き残差表現によって，任意に分割された領域内で積分型表現が与えられ，離散化が行われる．差分法と異なる点は連立代数方程式の導出過程だけである．

一般的に有限要素法のプログラムは大きく分けて，式(6.29)のような係数マトリクス $\boldsymbol{A}$ と既知ベクトル $\boldsymbol{b}$ を計算する部分と，式(6.30)のような連立方程式

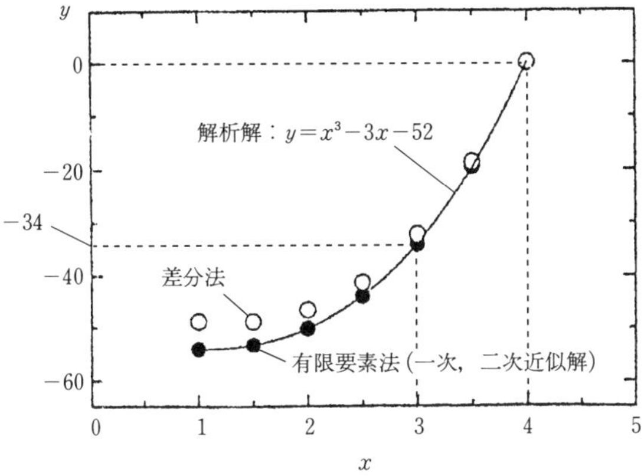

図 6.1 有限要素解（一次・二次近似）と解析解の比較

を解く部分に分かれる．2 次関数近似の手続き（式(6.16)〜(6.30)）に対応する有限要素プログラムを以下に示す．プログラムでは，係数マトリクスと既知ベクトルの導出過程を少し詳しく示してある．連立代数方程式はガウスの消去法で解いている（プログラム 14，p. 89 参照）．

（プログラム 17）

```
      COMMON A(7,7), B(7), N
      DATA A/49 * 0./                        初期化
      N=7                                    総節点数
C 係数マトリクスの導出と境界条件の組み込み
      CALL MAKECOEF
C 既知ベクトルの導出と境界条件の組み込み
      CALL MAKEVECT
C ガウスの消去法
      CALL GAUSS
      DO 70  K=1, N
        WRITE (*, *)'X(', K, ')==', B(K)     出力
   70 CONTINUE
      STOP
      END
C
```

```
      SUBROUTINE MAKECOEF
      COMMON A(7,7), B(7), N
      DIMENSION C(3,3), NODE(3,3)
      L=3                                要素数
      M=3                                1要素に含まれる節点数
C 各要素に含まれる節点Noと要素間の接続関係
      NODE(1,1)=1                        要素1
      NODE(1,2)=2
      NODE(1,3)=3
        NODE(2,1)=3                      要素2
        NODE(2,2)=4
        NODE(2,3)=5
          NODE(3,1)=5                    要素3
          NODE(3,2)=6
          NODE(3,3)=7
C 要素ベクトル                           各要素とも共通
      C(1,1)=2.333333
      C(1,2)=-2.666666
      C(1,3)=0.333333
        C(2,1)=-2.666666
        C(2,2)=5.333333
        C(2,3)=-2.666666
          C(3,1)=0.333333
          C(3,2)=-2.666666
          C(3,3)=2.333333
C 要素マトリクスCを全体マトリクスAへ組み込み
      DO 20  I=1,L
        DO 20  J=1,M
        DO 20  K=1,M
          NOD1=NODE(I,J)
          NOD2=NODE(I,K)
          A(NOD1,NOD2)=A(NOD1,NOD2)+C(J,K)
   20 CONTINUE
C 境界条件の組み込み
      DO 30  I=1,N                       条件を与える接点No
        A(N3,I)=0.
        A(I,N3)=0.
   30 CONTINUE
      A(N3,N3)=1.
      RETURN
```

```
      END
C
      SUBROUTINE MAKEVECT
      COMMON A(7,7), B(7), N
      DIMENSION D(3,3), NODE(3,3)
      DATA B/7 * 0./
      L=3
      M=3
C 各要素に含まれる節点Noと要素間の接続関係
      NODE(1,1)=1
      NODE(1,2)=2
      NODE(1,3)=3
        NODE(2,1)=3
        NODE(2,2)=4
        NODE(2,3)=5
          NODE(3,1)=5
          NODE(3,2)=6
          NODE(3,3)=7
C 要素ベクトル
      D(1,1)=1.                                  要素 1
      D(1,2)=6.
      D(1,3)=2.
        D(2,1)=2.                                要素 2
        D(2,2)=10.
        D(2,3)=3.
          D(3,1)=3.                              要素 3
          D(3,2)=14.
          D(3,3)=4.
C 要素ベクトルDをベクトルBへ組み込み
      DO 20  I=1,L
        DO 20  J=1,M
          NOD1=NODE(I,J)
          B(NOD1)=B(NOD1)-D(I,J)
   20 CONTINUE
C 境界条件の組み込み
      N3=7
      B(N3)=0.
      RETURN
      END
C
```

```
      SUBROUTINE GAUSS
      COMMON A(7,7), B(7), N
C
C 前進消去
      do 2  i=1,N
      write(*,*)  A(i,1), A(i,2), A(i,3), A(i,4),
     &            A(i,5), A(i,6), A(i,7)
    2 continue
      DO 10  J=1,N-1
        DO 20  I=J+1,N
          W=A(I,J)/A(J,J)
          A(I,J)=0.0
          DO 30  K=J+1, N+1
            A(I,K)=A(I,K)-W * A(J,K)
   30     CONTINUE
   20   CONTINUE
   10 CONTINUE
C
C 後退代入
        B(N)=B(N)/A(N,N)
      DO 50  KK=1, N-1
        K=N-KK
        DO 60  J=K+1,N
          B(K)=B(K)-A(K,J) * B(J)
   60   CONTINUE
      B(K)=B(K)/A(K,K)
   50 CONTINUE
C
      RETURN
      END
```

［計算結果］ 本プログラムによる計算結果は前述のとおりである．

有限要素法の偏微分方程式への適用については紙面の関係から割愛する．偏微分方程式では，導出される積分方程式に 2 重積分 (2 次元)，3 重積分 (3 次元) などが含まれ積分計算が複雑になるため，積分を数値的に行うなどの工夫が必要であるが，常微分方程式の解法と基本的な違いはない．

演習問題

6.1 有限要素法の分割は小区間の大きさが区間ごとに異なってよいなど，差分法と比べて自由度がある．式(6.16)~(6.30)に示した2次関数近似で，小区間の幅を次のように変えて解きなさい．ただし，$x_1=1.0$，$x_2=1.375$，$x_3=1.75$，$x_4=2.3125$，$x_5=2.875$，$x_6=3.4375$，$x_7=4.0$である．

6.2 次の常微分方程式を解きなさい．

微分方程式：$\dfrac{d^2y}{d^2x}=0$

境界条件：$x=1$ で $y=10$

$x=4$ で $y=0$

(1) 解析解を求めなさい．

(2) 区間[0, 1]を6等分して，7節点における有限要素解を求めなさい．

a) 1次関数近似の場合

b) 2次関数近似の場合

(3) 近似関数の次数と解の精度について調べなさい．

Tea Time

分割法の違い

有限要素法(FEM)と差分法(FDM)の違いの1つは要素の分割法である．差分法では多くの場合，分割が一定幅であるのに対して，有限要素法の分割は任意に設定することができる．2次元問題や3次元問題ではこの違いが顕著に表れる．例えば，下図のような2次元的な広がりをもつ領域を分割する際に，差分法では積み木を積み上げげたような分割となり，その結果，境界形状が階段状で近似しなければならないこともある．一方，有限要素法では任意の大きさの三角形を組み合わせて分割できるので，境界形状を比較的忠実に再現できる．各要素の大きさを自由に設定できる，もう1つの利点は，比較的近似関数の次数が低い場合でも，解の変化の激しい箇所の要素を再分割し小さくして，解の精度を高めることができる点である．

各要素の大きさに自由度があることは，反面，利用するうえで要素の自動分割が難しいということでもある．3次元要素も含めて自動で要素分割を行う研究は盛んに行われており，さまざまな分割法が提案されている．

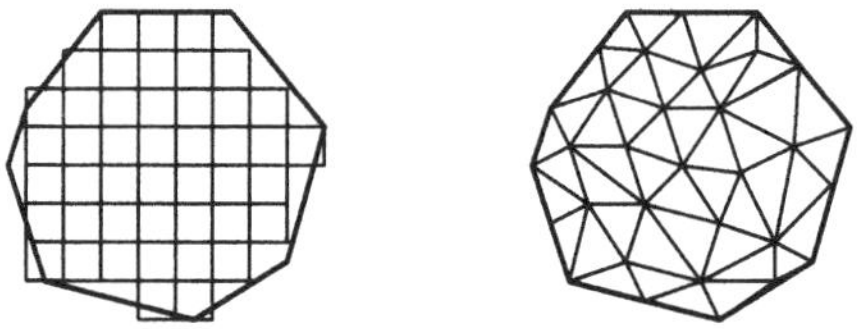

FDM（差分法）　　FEM（有限要素法）

要素分割の違い

演習問題の解答

第 1 章

1.1 $(24)_{10}=2\times 12+\underline{0}$　　$a_0=0$

$(12)_{10}=2\times 6+\underline{0}$　　$a_1=0$

$(6)_{10}\ =2\times 3+\underline{0}$　　$a_2=0$

$(3)_{10}\ =2\times 1+\underline{1}$　　$a_3=0$

$(1)_{10}\ =2\times 0+\underline{1}$　　$a_4=0$

$$(24)_{10}=(11000)_2$$

1.2 $(01001011)_2=(1\times 2^6+1\times 2^3+1\times 2^1+1\times 2^0)_{10}$

$=(75)_{10}$

1.3 $(10)_{10}=(1010)_2$

$(21)_{10}=(10101)_2$

$(10101)_2$ の補数表現は

10101 → 01010 → 01011

加算

```
      1010
   +01011（補数表現）
  ─────────────
    10101（補数表現）
```

$(10101)_2=(-11)_{10}$ である．

1.4 倍精度計算を行うには（プログラム 1）の先頭に倍精度宣言

```
IMPLICIT REAL * 8 (A-H, O-Z)
```

をすればよい．

1.5 π の値を求めるには（プログラム 3）で得られた値 x を

$$\pi=\sqrt{6x}$$

を用いて変換する．

第 2 章

2.1 a） 式（2.5）より

$$\Delta f(2)=\frac{f(2+0.1)-f(2)}{0.1}$$
$$=21.12$$

b）式(2.9)より

$$\nabla f(2)=\frac{f(2)-f(2-0.1)}{0.1}$$
$$=18.92$$

2.2　a）式(2.51)より

$$S=0.25\times\{f(1.125)+f(1.375)+f(1.625)+f(1.875)\}$$
$$=6.125$$

b）表2.17より

$$S=0.25\times\left\{\frac{14}{45}\times f(1)+\frac{64}{45}\times f(1.25)+\frac{24}{45}\times f(1.5)+\frac{64}{45}\times f(1.75)+\frac{14}{45}\times f(2)\right\}$$
$$=6.166667$$

c）表2.18より

$$S=\frac{1}{2}\times\{0.3478548\times f(1.5-0.5\times 0.861136)+0.6521452\times f(1.5-0.5\times 0.339981)+0.6521452\times f(1.5+0.5\times 0.339981)+0.3478548\times f(1.5+0.5\times 0.861136)\}$$
$$=6.166670$$

第3章

3.1　a）区間[3, 4]を結ぶ直線の式は

$$y=0.2x+4.2$$

$x=3.5$ を代入して $y=4.9$ を得る．

b）式(3.12)より

$$f(3+0.5)=f(3)+\frac{f(3)-f(2)}{1}\times 0.5+\frac{f(3)-2\times f(2)+f(1)}{2}\times 0.5^2$$
$$=4.8+\frac{4.8-4}{1}\times 0.5+\frac{4.8-2\times 4+2}{2}\times 0.5^2$$
$$=5.05$$

c）式(3.20)より多項式 $y(x)$ は

$$y(x)=3\times(0.166x^3+1.5x^2-4.333x+4)+4\times(0.5x^3-4x^2+9.5x-6)+4.8\times(-0.5x^3+3.5x^2-7x+4)+5\times(0.166x^3-x^2+1.833x-1)$$
$$=-0.068x^3+0.3x^2+0.566x+2.2$$

$x=3.5$ に対して

$y(3.5)=4.94$

d) 式 (3.63) に数値を代入すれば

$$\begin{cases} 354a+100b+30c=142.2 \\ 100a+30b+10c=45.4 \\ 30a+10b+4c=16.8 \end{cases}$$

これを解いて

$$\begin{cases} a=-0.2 \\ b=1.68 \\ c=1.5 \end{cases}$$

近似式は

$f(x)=-0.2x^2+1.68x+1.5$

$x=3.5$ では

$f(3.5)=4.93$

3.2 端点の1階の微係数 $f'(1)=0$ である条件は式 (3.29) より

$f_1'(1)=2a_1+b_1=0$

これと式 (3.32) を連立して解くと

$$\begin{cases} a_1=2,\ b_1=-4,\ c_1=4 \\ a_2=-3.2,\ b_2=16.8,\ c_2=-16.8 \\ a_3=2.6,\ b_3=-18,\ c_3=35.4 \end{cases}$$

したがって近似関数は

区間 [1, 2] で $f_1(x)=2x^2-4x+4$

区間 [2, 3] で $f_2(x)=-3.2x^2+16.8x-16.8$

区間 [3, 4] で $f_3(x)=2.6x^2-18x+35.4$

$x=3.5$ における関数値は

$f_3(3.5)=4.25$

第4章

4.1

$$\boldsymbol{A}+\boldsymbol{B}=\begin{bmatrix} 1 & 5 & 1 \\ 3 & 0 & 2 \\ 1 & 2 & 6 \end{bmatrix}$$

4.2

$$\begin{bmatrix} 2 & 3 & -2 \\ 0 & 4 & 3 \\ 5 & 2 & -3 \end{bmatrix}^{-1} = \frac{1}{\varDelta}\begin{bmatrix} \begin{vmatrix} 4 & 3 \\ 2 & -3 \end{vmatrix} & -\begin{vmatrix} 3 & -2 \\ 2 & -3 \end{vmatrix} & \begin{vmatrix} 3 & -2 \\ 2 & -3 \end{vmatrix} \\ -\begin{vmatrix} 0 & 3 \\ 5 & -3 \end{vmatrix} & \begin{vmatrix} 2 & -2 \\ 5 & -3 \end{vmatrix} & -\begin{vmatrix} 2 & -2 \\ 0 & 3 \end{vmatrix} \\ \begin{vmatrix} 3 & -2 \\ 2 & -3 \end{vmatrix} & -\begin{vmatrix} 2 & 3 \\ 5 & 2 \end{vmatrix} & \begin{vmatrix} 2 & 3 \\ 0 & 4 \end{vmatrix} \end{bmatrix}$$

$$= \frac{1}{49}\begin{bmatrix} -18 & 5 & 17 \\ 15 & 4 & -6 \\ -20 & 11 & 8 \end{bmatrix}$$

4.3 $\boldsymbol{Ax}=\boldsymbol{b}$ において

$$\boldsymbol{A}=\begin{bmatrix} 2 & 1 & 1 \\ 1 & 3 & 1 \\ 1 & 1 & 4 \end{bmatrix},\ \boldsymbol{x}=\begin{bmatrix} x_1 \\ x_2 \\ x_3 \end{bmatrix},\ \boldsymbol{b}=\begin{bmatrix} 5 \\ 3 \\ 6 \end{bmatrix}$$

より

$$\boldsymbol{A}^{-1}=\frac{1}{17}\begin{bmatrix} 11 & -3 & -2 \\ -3 & 7 & -1 \\ -2 & -1 & 5 \end{bmatrix}$$

$$\boldsymbol{x}=\boldsymbol{A}^{-1}\boldsymbol{x}=\frac{1}{17}\begin{bmatrix} 11 & -3 & -2 \\ -3 & 7 & -1 \\ -2 & -1 & 5 \end{bmatrix}\begin{bmatrix} 5 \\ 3 \\ 6 \end{bmatrix}=\begin{bmatrix} 2 \\ 0 \\ 1 \end{bmatrix}$$

したがって，$x_1=2,\ x_2=0,\ x_3=1$

4.4 (プログラム 14) の係数 a_{ij}, b_{ij} を変えて計算する．

4.5 (プログラム 15) の係数 a_{ij}, b_{ij} を変えて計算する．

第5章

5.1 式 (5.22), (5.34) と同様の表記法を用いると

a） $$\frac{y_{i,j}^{(t+\varDelta t)}-y_{i,j}^{(t)}}{\varDelta t}+\frac{y_{i+1,j}^{(t)}-2y_{i,j}^{(t)}+y_{i-1,j}^{(t)}}{\varDelta x_1^2}+\frac{y_{i,j+1}^{(t)}-2y_{i,j}^{(t)}+y_{i,j-1}^{(t)}}{\varDelta x_2^2}=0$$

b） $$\frac{y_i^{(t+\varDelta t)}-y_i^{(t)}}{\varDelta t}+y_i\frac{y_{i+1}^{(t)}-2y_i^{(t)}+y_{i-1}^{(t)}}{\varDelta x^2}=0$$

c） $$\frac{y_i^{(t+\varDelta t)}-2y_i^{(t)}+y_i^{(t-\varDelta t)}}{\varDelta t^2}+\frac{y_{i+1}^{(t)}-2y_i^{(t)}+y_{i-1}^{(t)}}{\varDelta x^2}=0$$

5.2 同様に独立変数 x を $[1, 4]$ に限定し，この範囲を 6 等分した 7 箇所の関数値 y_1 ～ y_7 を求める．

各離散点 $x=x_2$～x_6 における 2 階の導関数の中央差分近似

$$\begin{cases} y_1-2y_2+y_3=(0.5)^2\times 6\times 1.5 \\ y_2-2y_3+y_4=(0.5)^2\times 6\times 2. \\ y_3-2y_4+y_5=(0.5)^2\times 6\times 2.5 \\ y_4-2y_5+y_6=(0.5)^2\times 6\times 3. \\ y_5-2y_6+y_7=(0.5)^2\times 6\times 3.5 \end{cases}$$

図 5.1 より境界条件は $y_3=5,\ y_5=21$ であるから

$$\begin{cases} y_1-2y_2 \qquad\qquad =-2.75 \\ \quad y_2+y_4 \qquad\quad =13. \\ \qquad -2y_4 \qquad\quad =-22.25 \\ \qquad\quad y_4+y_6 \quad =46.5 \\ \qquad\qquad -2y_6+y_7=-15.75 \end{cases}$$

これを解けば

$y_1=1,\ y_2=1.875,\ y_4=11.125,\ y_6=35.375,\ y_7=55.0$

(解析解；$y=x^3-3x+3$ から

$y_1=1,\ y_2=1.875,\ y_4=11.125,\ y_6=35.375,\ y_7=55.0$)

5.3 (プログラム 16) で時間の増分 Δt を増加させると $\Delta t\geq 0.12$ 程度で解が発散することが確かめられる (計算の安定性については巻末にあげた参考文献を参照).

第 6 章

6.1 区間 [1, 1.75] で式 (6.26) に対応する重み付き残差表示は

$$\int_1^{1.75}\left(\frac{d\bar{y}}{dx}\right)^2 dx+\int_1^{1.75} 6x\bar{y}\ dx$$

$$=[y_1\quad y_2\quad y_3]\begin{bmatrix} 3.11111 & -3.55555 & 0.44444 \\ -3.55555 & 7.11111 & -3.55555 \\ 0.44444 & -3.55555 & 3.11111 \end{bmatrix}\begin{bmatrix} y_1 \\ y_2 \\ y_3 \end{bmatrix}$$

$$+[y_1\quad y_2\quad y_3]\begin{bmatrix} 0.75 \\ 4.125 \\ 1.3125 \end{bmatrix}=0$$

全区間を考慮し，境界条件を導入すると

$$\begin{bmatrix} 3.11111 & -3.55555 & 0.44444 & & & & \\ -3.55555 & 7.11111 & -3.55555 & & & & \\ 0.44444 & -3.55555 & 5.18519 & -2.37037 & 0.29630 & & \\ & & -2.37037 & 4.74074 & -2.37037 & & \\ & & 0.29629 & -2.37037 & 4.14815 & -2.37037 & 0. \\ & & & & -2.37037 & 4.74074 & 0. \\ & & & & 0. & 0. & 1. \end{bmatrix}\begin{bmatrix} y_1 \\ y_2 \\ y_3 \\ y_4 \\ y_5 \\ y_6 \\ y_7 \end{bmatrix}$$

$$
= \begin{bmatrix} -0.75 \\ -4.125 \\ -3.28125 \\ -10.40625 \\ -6.46875 \\ -15.46875 \\ 0 \end{bmatrix}
$$

が得られる．ガウスの消去法(プログラム 14)で上式を解けば

$y_1=-53.9999\,[-54]$,　　$y_2=-53.5253\,[-53.5254]$

$y_3=-51.8905\,[-51.8906]$,　$y_4=-46.5709\,[-46.5711]$

$y_5=-36.8613\,[-36.8613]$,　$y_6=-21.6936\,[-21.6936]$

$y_7=0.\,[0.]$．[　]内は解析解である．

6.2 (1) 解析解：$y=-3.333333x+13.333333$

(2) a) 1次関数近似

式(6.6)に対応する重み付き残差表示は

$$
\int_1^4 \left(\frac{dy}{dx}\right)^2 dx = 0
$$

である．対象区間を6つの区間に分割する．各区間で

$$
\int_1^{x_{i+1}} \left(\frac{dy}{dx}\right)^2 dx = 0 \quad (i=1,6)
$$

が成り立つ．

区間[1, 1.5]に対して

$$
\int_1^{1.5} \left(\frac{dy}{dx}\right)^2 dx
= [y_1 \quad y_2] \begin{bmatrix} 2 & -2 \\ -2 & 2 \end{bmatrix} \begin{bmatrix} y_1 \\ y_2 \end{bmatrix} = 0
$$

全区間を考慮すれば

$$
\begin{bmatrix}
2 & -2 & & & & & \\
-2 & 4 & -2 & & & & \\
& -2 & 4 & -2 & & & \\
& & -2 & 4 & -2 & & \\
& & & -2 & 4 & -2 & \\
& & & & -2 & 4 & -2 \\
& & & & & -2 & 2
\end{bmatrix}
\begin{bmatrix} y_1 \\ y_2 \\ y_3 \\ y_4 \\ y_5 \\ y_6 \\ y_7 \end{bmatrix}
=
\begin{bmatrix} 0 \\ 0 \\ 0 \\ 0 \\ 0 \\ 0 \\ 0 \end{bmatrix}
$$

境界条件を考慮して

$$\begin{bmatrix} 1 & 0 & & & & & \\ 0 & 2 & -1 & & & & \\ & -1 & 2 & -1 & & & \\ & & -1 & 2 & -1 & & \\ & & & -1 & 2 & -1 & \\ & & & & -1 & 2 & 0 \\ & & & & & 0 & 1 \end{bmatrix} \begin{bmatrix} y_1 \\ y_2 \\ y_3 \\ y_4 \\ y_5 \\ y_6 \\ y_7 \end{bmatrix} = \begin{bmatrix} 10 \\ 20 \\ 0 \\ 0 \\ 0 \\ 0 \\ 0 \end{bmatrix}$$

これを解けば，$y_1=10.0$，$y_2=8.33333$，$y_3=6.66666$，$y_4=5.0$，$y_5=3.33333$，$y_6=1.66666$，$y_7=0.0$ を得る．

b) 2次関数近似

全区間を3分割する．区間 $[1, 2]$ に関する式(6.26)に対応する重み付き残差表示は

$$\int_{x_1}^{x_3}\left(\frac{d\bar{y}}{dx}\right)^2 dx$$
$$=[y_1 \quad y_2 \quad y_3]\begin{bmatrix} 2.33333 & -2.66666 & 0.33333 \\ -2.66666 & 5.33333 & -2.66666 \\ 0.33333 & -2.66666 & 2.33333 \end{bmatrix}\begin{bmatrix} y_1 \\ y_2 \\ y_3 \end{bmatrix}=0$$

全区間について境界条件を考慮すると

$$\begin{bmatrix} 1. & 0. & 0. & & & & \\ 0. & 5.33333 & -2.66666 & & & & \\ 0. & -2.66666 & 4.66666 & -2.66666 & 0.33333 & & \\ & & -2.66666 & 5.33333 & -2.66666 & & \\ & & 0.33333 & -2.66666 & 4.66666 & -2.66666 & 0. \\ & & & & -2.66666 & 5.33333 & 0. \\ & & & & 0. & 0. & 1. \end{bmatrix} \begin{bmatrix} y_1 \\ y_2 \\ y_3 \\ y_4 \\ y_5 \\ y_6 \\ y_7 \end{bmatrix}$$
$$= \begin{bmatrix} 10. \\ 26.66666 \\ 3.33333 \\ 0. \\ 0. \\ 0. \\ 0. \end{bmatrix}$$

これを解けば，$y_1=10.0$，$y_2=8.33333$，$y_3=6.66666$，$y_4=4.99999$，$y_5=3.33333$，$y_6=1.66666$，$y_7=0.0$ を得る．

(3) 1次近似解，2次近似解とも小数点以下5桁以内で解析解と一致する．解が直線的に変化する場合でも．2次近似は良好な結果が得られることがわかる．

参考文献

1) 加川幸雄，村山健一：BASICによる有限要素法，科学技術出版社，1986.

2) 柏木雅英：精度保証付きシミュレーション [1] —区間解析，日本シミュレーション学会誌，**18** (4)，260-267，1999.12.

3) 神谷紀生，田中正隆，田中喜久昭訳 (C. A. Brebbia 著)：境界要素法入門，培風館，1980.

4) 河村哲也，河原睦人，平野廣和，登坂宣好，池川昌弘：非圧縮性流体解析，東京大学出版会，1995.

5) 樹下行三：コンピュータ工学，昭晃堂，1997.

6) 黒川一夫，見山友裕：電子計算機概論，コロナ社，1995.

7) 小松勇作編：新編数学ハンドブック，朝倉書店，1984.

8) 斎藤兆古：ウエーブレット変換の基礎と応用，朝倉書店，1998.

9) 榊原　進訳 (N. ブラックマン著)：Mathematica 実践的アプローチ，プレンティスホールトッパン，1992.

10) 桜井　明：スプライン関数入門，東京電機大学出版局，1981.

11) 数学ハンドブック編集委員会編：理工学のための数学ハンドブック，丸善，1994.

12) 洲之内治男：数値計算，サイエンス社，1978.

13) 谷口健男：FEMのための要素自動分割，森北出版，1992.

14) 戸川隼人：数値計算，サイエンス社，1978.

15) 戸川隼人：詳解 数値計算演習，共立出版，1980.

16) 戸川隼人：微分方程式の数値計算，オーム社，1981.

17) 戸川隼人：数値計算法，コロナ社，1995.

18) 富久泰明訳 (C. R. Wylie, Jr. 著)：工業数学 (上・下)，ブレイン図書出版，1977.

19) 福田武雄：差分法，生産技術センター，1977.

20) 松山　実：基礎数値解析，昭晃堂，1997.

21) 森　正武：Fortrann 77 数値計算プログラミング，岩波書店，1988.

22) 山田嘉昭訳 (K. H. Huebner 著)：有限要素法，科学技術出版社，1978.

23) 渡辺　力，名取　亮，小国　力：Fortranによる数値計算ソフトウエア，丸善，1993.

24) R. W. Hornbeck : Numerical Methods, Quantum Publishers, 1975.

索　　引

ナ　行

ハ　行

マ　行

ヤ　行

ラ　行

著者略歴

加川幸雄（かがわゆきお）

1935年　山形県に生まれる
1963年　東北大学大学院工学研究科博士課程修了
現　在　岡山大学工学部教授
富山大学名誉教授
工学博士

霜山竜一（しもやまりゅういち）

1957年　静岡県に生まれる
1994年　岡山大学大学院自然科学研究科博士課程修了
現　在　日本大学生産工学部専任講師
博士（工学）

入門 電気・電子工学シリーズ 10

入門数値解析

定価はカバーに表示

2000年4月20日　初版第1刷
2004年4月1日　第2刷

著　者　加川幸雄
霜山竜一
発行者　朝倉邦造
発行所　株式会社 朝倉書店
東京都新宿区新小川町 6-29
郵便番号　162-8707
電　話　03（3260）0141
FAX　03（3260）0180
http://www.asakura.co.jp

〈検印省略〉

平河工業社・渡辺製本

ISBN 4-254-22820-1 C 3354　Printed in Japan